让 我 们 一 起 追 寻

〔美〕莱恩·帕特里克·汉利 著　徐一彤 译

伟大的

OUR GREAT PURPOSE

目标

Ryan Patrick Hanley

Our Great Purpose: Adam Smith on Living a Better Life
By Ryan Patrick Hanley
Copyright © 2019 by Princeton University Press
Simplified Chinese translation copyright:
© Social Sciences Academic Press (China) 2022
All rights reserved.
No part of this book may be reproduced or transmitted in any form or by any means,
electronic or mechanical, including photocopying, recording or by any information storage and retrieval system,
without permission in writing from the Publisher.

本书根据普林斯顿大学出版社 2019 年精装版译出，
封底有甲骨文防伪标签者为正版授权。

亚当·斯密　论　美好生活

社会科学文献出版社
SOCIAL SCIENCES ACADEMIC PRESS (CHINA)

For my daughter

献给我的女儿

本书获誉

汉利是波士顿学院杰出的政治科学家,以斯密研究为主攻方向。在这本书里,他将自己多年来累积的学术造诣凝聚于约三十个短小精悍的篇章之中,让读者可以按图索骥,领略斯密提起并探究的诸多问题……所有经济学系的入门学生都应一读。

——帕特里克·麦迪根(Patrick Madigan),《海斯罗珀学刊》(*Heythrope Journal*)

亚当·斯密擅长统观人类社会的方方面面,从与朋友一同饮食到证券交易无所不包,如果将这些话题彼此孤立,反而有损于全局的论说……斯密虽不曾提出某种"放之四海而皆准"的最佳生活方式……却还是以巧妙的思路将人类的各种行为串联起来,为良好生活勾画了一幅统一的哲学肖像,而《伟大的目标》以雄辩的笔法让我们相信,对这一点详加了解是有必要的。

——大卫·J. 戴维斯(David J. Davis),《华尔街日报》

斯密既是现代商业社会精神内核的思想者,也是"追寻良好生活"这一伟大古典思想传统在近代的继承者,对于这一点,

伟大的目标

莱恩·帕特里克·汉利非常清楚。汉利的这本妙著为我们所处的时代重新阐释了斯密的思想，引导我们走近这位伟大的思想家，领略他关于在现实中追求良好生活的诸多精辟之见。

——达林·M. 麦克马洪（Darrin M. McMahon），《幸福史》(Happiness: A History) 作者

这真是书中瑰宝。它为我们理解斯密著作提供了崭新的视角，用整体论的视角串联起斯密的哲学思想，使其栩栩如生。

——乔纳森·怀特（Jonathan Wight），《美国经济学家》(The American Economist)

一本深入浅出、简洁明快的亚当·斯密导论，为读者了解他关于智慧和审慎的道德哲学省思提供了全面的指引。

——乔丹·巴洛尔（Jordan Ballor）

增进实践智慧的必读著作。

——大卫·洛里默（David Lorimer），《范式探索》(Paradigm Explorer)

这本书十分出色，值得被更广泛的人群阅读，还应列入所有大学新生的入学必读书目。

——J. H. 斯宾塞，《选书评论》(Choice Reviews)

本书获誉

莱恩·帕特里克·汉利用一部简明、风趣而丰富的著作论述了亚当·斯密在今天的意义,将他从"资本主义之父"的传统误读中解放出来……这是通往斯密思想本来面貌的优秀导读。

——斯图尔特·凯利(Stuart Kelly),《苏格兰星期日报》(*Scotland on Sunday*)

本书优秀而富于创见,为了解亚当·斯密开辟了一条新路——它在未来五十年里仍将被人们阅读。

——大卫·沃尔什(David Warsh),《经济学要人传:现代经济学的大师与怪才》(*Economic Principals: Masters and Mavericks of Modern Economics*)作者

有一种教学方式不但从伟大思想家的著作中截取关键段落,还在解读时阐述了其背后的预设和衍生的推导结果,但这是我们大多数人无缘得见的。好在,在《伟大的目标》一书中,一位研究斯密道德哲学的专家就为我们提供了这样的学习体验。汉利引导我们遍历斯密的思想观念,用发人深省的巧妙笔法揭示了斯密关于人类生活的省思对我们有何价值。

——杰瑞·Z. 穆勒(Jerry Z. Muller),《亚当·斯密在他的时代和我们的时代:设计体面的社会》(*Adam Smith in His Time and Ours: Designing the Decent Society*)作者

《伟大的目标》简短但引人入胜,它以发人深省的方式探索了亚当·斯密关于良好生活的哲学思考,其作者更是当今世界一流的亚当·斯密研究专家。

——丹尼斯·C. 拉斯穆森(Dennis C. Rasmussen),《异端与教授:休谟、斯密与塑造现代思想的一段友谊》(*The Infidel and the Professor: David Hume, Adam Smith, and the Friendship That Shaped Modern Thought*)作者

令人愉悦的阅读体验。汉利既为我们恢复了斯密的本来面貌,也充分地论证了商业社会带来的不只是肆意牟利,也能让值得尊敬的生活成为可能。

——埃里克·施利塞尔(Eric Schliesser),《亚当·斯密:系统哲学家,公共思想者》(*Adam Smith: Systematic Philosopher and Public Thinker*)作者

目　录

导　言 …………………………………………… 001

第一章　论自利 ………………………………… 011
第二章　论关怀他人 …………………………… 016
第三章　论为他人而行动 ……………………… 020
第四章　论想象 ………………………………… 024
第五章　论改善自身处境 ……………………… 029
第六章　论痛苦与混乱 ………………………… 033
第七章　论健康的心灵 ………………………… 037
第八章　论平静与喜乐 ………………………… 042
第九章　论崇拜财富 …………………………… 046
第十章　论友谊 ………………………………… 051
第十一章　论快乐 ……………………………… 055
第十二章　论憎恨与愤怒 ……………………… 059
第十三章　论被爱 ……………………………… 063
第十四章　论爱他人 …………………………… 067
第十五章　论繁荣 ……………………………… 072

第十六章	论可爱	077
第十七章	论自我照观	082
第十八章	论尊严	087
第十九章	论平等	092
第二十章	论选择	096
第二十一章	论自我与他者	100
第二十二章	论完美	104
第二十三章	论智慧与美德	108
第二十四章	论谦虚与仁慈	112
第二十五章	论赞美与可敬	116
第二十六章	论苏格拉底	119
第二十七章	论耶稣	124
第二十八章	论休谟	128
第二十九章	论上帝	133

结语:为什么在今天读斯密?	137
章首引文出处	144
斯密原著及相关文献	146
注　释	157
致　谢	168

导　言

什么是"过一种更好的生活"（live a better life）？如果更进一步，什么又是"过（一种）生活"（live a life）？这两个问题的答案并不好找，想要"过（一种）生活"乃至"过一种更好的生活"显然也非易事。然而，至少在我看来，"过（一种）生活"要求我们积极地践行一种可以被我们认知为"（一种）生活"（a life）的行为轨迹——这一轨迹不但有起点、终点和中间的部分，也具有一种统一性，让我们认识到它的不同组成部分以一种有意义的方式联结在一起。

不是所有人都擅长过上一种生活，但能否做好这一点无疑意义重大——毕竟，我们每个人都只有一条命可活。既然生命只有一次，我们就必须做出各种各样的决定，判断自己应该走上哪条道路、避开哪条道路。不过，是什么决定了某一路径比另一路径更好？我们在做出选择时应基于怎样的标准？我们又该在这些抉择中向谁寻求指点？

本书认为，在上述人生问题上，我们可以从亚当·斯密（Adam Smith）那里得到绝佳的启示。这一结论可能会让很多人感到意外。诚然，亚当·斯密在今天是以资本主义的思想奠基人之一而闻名，而非以关于如何生活的见解著称。但正如我接下来所展示的，斯密其实在如何生活的问题上为我们提供了很多教诲。其中尤为值得留意的是，斯密的生活哲学（philosophy of living）（我认为用"生活哲学"指称他的思想是正确的）是以行动（action）与省思（reflection）的结合，或者用斯密自己的话说，以"智慧"（wisdom）与"美德"（virtue）的结合为基础的。[1]

2　　亚当·斯密相信，良好生活（good life）要求一个人把积极行动与省思结合起来。这一点不但在他的生活哲学中具有核心意义，也让他的思想在这一领域中独具一格。关于良好生活的讨论往往让现代读者联想到那种罗列（用近来一本典型畅销书的话说）各项"生活准则"（rules for life）的自我激励类读物。[2]不过，即便一些读者试图从自我激励的角度解读斯密的著作，这从来不是斯密的写作目的。亚当·斯密的第一位传记作者曾如此评价他在道德哲学领域的主要著作："在理论性的原则之外，作者以独特的趣味与风格留下了关于生活实践的种种最为纯洁、最为高尚的格言，交织于本书的字里行间。"[3]一个世纪后，当时尚未当选美国总统，仍在普林斯顿大学任教的伍德罗·威尔逊（Woodrow Wilson）曾在课堂上重申了这一认识，指出亚当·斯密"在他的著述中写满了关于现实生活最为睿智的格言，它们很可能是斯密从格拉斯哥最为精明的那些商人口中听来的——斯密曾从当地的商界生活中得到很多启发"。[4]即便如此，把斯密对生活哲学的思考简化为（像他的朋友本杰明·富兰克林的著作，或者今天市面上的自我激励书籍那样的）一系列实用格言，仍

导　言

有失公平。一言以蔽之，斯密很清楚，学习怎样过上"顺遂生活"（get ahead in life）与学习怎样过上"良好生活"（live life well）绝不能混为一谈。

如上所述，斯密的著作可以为那些忙碌的、正在升入更高社会阶层的人提供指导。[5]但在我看来，他的著作也能为另外一些读者提供更多的教诲，而不只是列出一些易于掌握的建议、诀窍与规则。在这一方面，本书将向那些不但希望从新的角度理解斯密，也希望从这种新视角中更新自己的自我认识与人生观的读者介绍亚当·斯密的智慧。

本书介绍亚当·斯密的角度确实是新颖的。在无数关于斯密思想的研究中，他的生活哲学仍没有得到显著的重视。事实上，一些斯密研究领域的顶尖学者曾提出，斯密眼中道德哲学的目的只在于提供一种关于我们的道德观念的"起源与功能的解释"，因此"如果有人想要寻找关于如何过上良好生活的启示，就应另找他人"。[6]本书接下来的内容将清楚地表明，我在这一问题上的看法与这些学者不同，但本书的写作目的并不在于解决学术界的争端。我已在其他著作和论文中参与了斯密研究领域的学术争论，也在那些作品中加入了符合学术写作要求的专业文献引用与详细的注释。不过，在这本书里，我的目标并不在此。[7]通过把斯密呈现为一个指引我们如何过好生活的睿智向导，我将试图令读者注意到斯密思想中一些此前相对未受重视的部分，并希望借此吸引一些专门研究者的兴趣。但更重要的是，通过如此介绍亚

伟大的目标

当·斯密,我希望本书的读者们能有机会与这位思想家共度(乃至共同生活)一段时光。对于我们应如何理解自己的生活,以及我们在希望尽可能过上良好生活的时候应思考哪些问题,这位思想家可以提供许多启迪。我最早接触亚当·斯密是在四分之一个世纪以前,随着与他共度的这些年过去,我认识到自己的生活因此有所改善。希望这段经历假以时日,也会对读者诸君有所助益。

※ ※ ※

本书的主题当然是介绍斯密对于如何生活的思考,因此他本人的生活经历与思想不会在这一主题下得到全面呈现。不过,鉴于斯密本人的生活经历和他更广泛的思想主题与本书主旨有所关联,本书也将对他的生活与思想进行极为简单的介绍。[8]

亚当·斯密1723年出生在爱丁堡以北不远处的海滨城镇柯科迪(Kirkcaldy)。因为父亲在他出生后不久便离开人世,斯密早年是由他虔诚而亲切的母亲抚养长大的。在当地的堂区学校接受了高素质的早期教育之后,他进入格拉斯哥大学就读并完成了本科学业。这一时期为他授课的人包括他最敬爱的导师弗朗西斯·哈奇森(Francis Hutcheson),后者在今天以苏格兰启蒙运动之父的头衔广为人知。1740年,在完成了格拉斯哥大学的学业后,斯密得到一份奖学金,到牛津大学继续学习,以为之后成为牧师

导　言

做准备。但他对牛津大学感到失望，于1746年回到了苏格兰。

回到苏格兰以后，斯密没有成为教会神职人员，走上牧师之路，而是发表了一系列关于修辞学的公开讲座。这些讲座为他赢得了名声，让他有资格成为格拉斯哥大学教授席位的候选人，并在1751年正式开始任教。在格拉斯哥大学，斯密的授课范围广泛，包括修辞学、文学、自然神学、逻辑学与法律学，但他的名声主要来自道德哲学授课。斯密在格拉斯哥大学既是一位受人尊敬的教师，也表现出了作为行政管理者的才能，直到他在1764年辞去教职，为巴克卢公爵（Duke of Buccleuch）担任随行私人教师。在接下来的两年里，斯密作为公爵在欧陆壮游期间的指导者待在法国。这是斯密一生中唯一一次离开不列颠出海旅行，对热爱法国文化的斯密意义非凡，他在这趟旅程中还有机会与当时法国启蒙运动的许多领军人物进行当面交流。

斯密在逗留法国期间开始撰写一本著作，在他于1766年回到苏格兰之后，这本书的写作还将占据他长达十年的时间。在这本著作付梓之后，斯密来到爱丁堡成为一名负责为王室征收关税的文职官员，并担任这一职务直到去世。在寓居爱丁堡期间，斯密过着幸福的知识分子生活，他与朋友们欢聚，在家中（他与母亲和表弟住在一起）接待访客。斯密的故居潘缪尔府（Panmure House）如今仍矗立在爱丁堡城内，1790年，斯密正是在那里走完了自己的人生——他在临终前不久才把自己第一本著作的最终修订稿送给出版者。

伟大的目标

斯密的人生是平静的。我们的确知道他人生中的一些滑稽桥段——他曾在与人激烈辩驳分工劳作的好处时失足掉进染色池，曾因耽于思考错把面包拿来泡茶，还曾穿着睡袍徘徊乡间而浑然不觉，这些小故事都塑造了斯密作为书呆子教授的经典形象。而在现实生活中，未婚无子、性格内向温和的斯密也常常在阅读与思索中度日。在离潘缪尔府不远的修士门（Canongate）墓园里，我们也能从斯密的墓志铭上体会到他人生中的书卷气："这里安眠着亚当·斯密的遗体，他是《道德情操论》（*The Theory of Moral Sentiments*）与《国富论》（*Wealth of Nations*）的作者：他生于1723年6月5日，死于1790年7月17日。"这段墓志铭捕捉了斯密人生的本质：他的人生经历主要围绕这两本发表于世的著作展开，而这两本著作也构成了他思想体系的核心。

在今天，斯密的第二本书《国富论》（即在他旅居法国期间开始写作，最终在1776年出版的那本）是他最广为人知的代表作。斯密写作这本书的首要目的是要介入当时政治经济学领域最重大的讨论，即关于自由贸易与重商主义（一种贸易保护主义体系）的论争。《国富论》坚定反对重商主义，批评其只为富人和拥有人脉的特权利益集团服务，却牺牲了非精英阶层和普通消费者的利益。不过，《国富论》并不只是一部着眼当时的论著，在斯密对保护主义的批评背后，是他对"天然自由体系"之效率优越性的信念，这部著作也正是作为对这一体系的辩护留下了经久不衰的名声。因此，在一代又一代经济学者眼中，亚当·斯密的名字都与对分工劳动在生产效率上的优势,自由贸易之下买卖双方(也包括国家)的互惠互利,以及警惕政府过度干预市场等原则的辩护联系在了一起。

虽然亚当·斯密因《国富论》成名,但他的另一部著作承载了我们对于他后续思考的关注。1759年,亚当·斯密的《道德情操论》第一版发行。这本书最初源自他在格拉斯哥大学道德哲学课上的讲稿,这从该书的文本中可见一斑:《道德情操论》用很长的一章梳理了多种道德理论的历史发展,这种思想史综述的做法在今天已司空见惯,在当时却比较新颖。不过,《道德情操论》真正的独创与引人注目之处并不在此。尤为值得注意的是,斯密在《道德情操论》中试图以他所定义的"同情心"(sympathy)概念为基础,建立一套关于道德判断的原创理论体系:他认为,"同情心"是一种能让我们或多或少体会他人感受的情感,也是人类本性的固有组成部分。与之相对,"同情心"也得到了另一套机制的辅助:斯密认为道德判断中还存在一个所谓的"中立旁观者"(impartial spectator),这个理想的判断者不会因感情歪曲自己的判断,可以冷静地判别正确与错误。但正如我们将在本书中看到的,《道德情操论》在提出上述关于道德判断的理论之外,也提出了一种以理解何为美德特质为基础的生活哲学。这种生活哲学从古典时代哲人对德性问题的思考中受益匪浅,其脉络可以上溯至柏拉图、亚里士多德与斯多葛学派,但斯密显然也有意识地改造这一传统,以适应近现代世界的条件。

伟大的目标

※※※

为了尽可能有效地呈现斯密的生活哲学，本书的剩余部分将被分为一系列简短的章节，每一章都将关注斯密著作中的一句引文（大多数引文出自《道德情操论》），而在引文之后，我将对其中的内容进行简短的评述。我采取这一写法的目的之一，是为了更充分地彰显斯密作为写作者的才华。斯密研习过古典修辞学，也热爱阅读当时的文学作品，他的散文十分优美。他虽无意专门写作格言，语句却往往隽永深刻，引人深思。我用上述方式呈现他的思想，既是希望把斯密的写作以更为平易近人的姿态介绍给第一次接触斯密著作的人，也是为了让那些读过斯密著作的人有机会以新的视角重新体验他的文本与思想。此外，本书中的引文彼此独立，每一句都可单独赏析，但我对这些引文的编排与评论将构成一个完整的叙事，贯穿所有章节。

在选取每一章的引文时，我的原则是站在斯密的角度，思考当代生活中有哪些挑战是最为重要的。这些挑战大体上可分为两类，第一类主要关系到我们作为人类的天性构成。在这方面，斯密经常指出人类的天性一般通往两个方向，我们既天然地关注自身利益与福祉，也会天然地关注他人的处境与幸福。第二类挑战主要来自我们生活的这个当今世界。和来自人类天性的挑战一样，这些挑战也向我们提出了彼此不兼容的多种需求，让我们走

导　言

上不同的道路。众所周知，我们的世界奖励那些奋力向前的人，赐予成功者财富、地位与权力，但即便在今天，我们仍珍视那些牺牲自身利益的行为，尤其是那些舍己为人的举动。这些现象既揭示了我们的本性，同时也折射出这个充满矛盾张力的世界的本质。对追求完满一致生活（single and unified life）的人而言，彼此抵触的外部要求提出了极为重要的挑战，分裂（division）与统一（unity）也将成为本书接下来的篇幅中不断被提起的主题。

不过，对通往良好生活之路上的困难给出诊断，只是斯密生活哲学的一半。有鉴于此，我在为本书选取章首引文时也会站在斯密的角度，考虑今天的我们如果要克服生活中的这些挑战需要做些什么。首先，在斯密看来，我们在生活中需要培养一些美德，其中一些美德关系到我们如何认识自己，审慎（prudence）与自制（self-command）将在这一过程中发挥重要的作用。此外，还有一些美德关系到我们如何感受他人，又应如何用行动与他们相处，在这一问题上，公正（justice）与仁慈（benevolence）的角色尤为关键。本书在接下来的篇幅中还将反复提起两组美德，它们让我们得以过上良好而完满的（good and unified）生活：一组是斯密所说的"可敬的美德"（awful virtue），包括宽宏（magnanimity）与自制；另一组则是"可亲的美德"（amiable virtue），即仁慈（benevolence）与爱（love）。

与此同时，斯密认为，一个人仅凭培养一些美德还不能过上良好生活——这是个艰巨的任务。他认为，为了培养上述美德，

伟大的目标

人们必须不断更新自己的认识，这尤其要求我们与自我保持一种批判性的距离。这样一来，我们不但可以用一种崭新的中立视角看待自己，也能从中学会以他人的视角审视自己。可以毫不夸张地说，在斯密看来，公民的这种自我审视能力构成了一个自由商业社会的存在基础，但我在本书中提出的观点既在程度上更温和，也更具雄心。对斯密而言，过一种良好生活要求我们学会审视自己的生活，而不只是在行动上过好生活而已。这一目标也要求我们时不时地跳出自己的立场，用外部世界看待我们的眼光不偏不倚地看待自己。正如学者们早已认识到的那样，做到这一点对我们能否遏制自己的自利心理十分重要。然而，也正是这种批判性省思让我们能够认识到"自我"的存在，投身于对一种兼具美德与繁荣、一贯性与原则一致性，并最终有望为我们带来目的与意义感的生活的追求当中。

第一章
论自利

"毫无疑问,每个人天然以自身福祉为最首要关切;鉴于个人总是比其他任何人更适合照顾自己的福祉,这一安排是恰当且正当的。"

解读:自利是人性的一部分,但它关注的是一种特别具体的利益。

自利(self-interest)是资本主义的驱动力——资本主义的朋友和敌人即便在所有问题上都互不相让,仍能对这一点达成共识。若询问一个资本主义的辩护者为何认为资本主义比社会主义更优越,他一定会回答:自利是人的天性,我们应该生活在一种给天性以积极反馈的制度里。若询问一个资本主义的批评者为何认为社会主义比资本主义更优越,他一定会回答:资本主义鼓励人类最低劣、最自私的冲动,令正义和公平等更高尚的价值无处可存。由此可见,资本主义的赞成和反对双方都认为,电影《华尔街》中戈登·盖科(迈克尔·道格拉斯饰)的那句著名台词"贪欲是好东西"(greed is good),就是资本主义的最高信条。

但"自利"到底是什么?对于这个问题,亚当·斯密提出了一些有价值的见解。斯密本人常被当作自利原则的"吹鼓手",曾获得诺贝尔经济学奖的乔治·斯蒂格勒(George Stigler)曾在著作中指出,自利是斯密整个理论体系的"根本基础"。[1] 但在这个问题上,我们应多加小心。亚当·斯密确实认为自利是人性的一部分,这在本章开头的引文中就清晰可见:"每个人""天然""以自身福祉"为首要关切。在某种更为深层的意义上,认为斯密相信人性"天生"自利也是不无道理的。然而,我们也不难看出,斯密这句发言背后的意图,与斯蒂格勒博士和盖科先生的理解有很大差异。

首先,我们需要了解在斯密看来,自利的天性必然将我们导向怎样的目标。斯密说,在自利天性的引导下,人们应追求的是"自己的福祉"(his own care)。在今天,我们也可以用同样的说法描述一个人"很会照顾自己"(taking care of herself),这往往是在说她(他)擅长维持个人健康,如饮食丰足、饮酒适度、适量锻炼、充足睡眠等。而在斯密看来,这也是自利天性为人类指明的首要关切之所在:自利的天性让我们着力于满足自己的基本需求,尤其是那些维持身体机能和生命延续所需的基本条件。他后来用更明确的语气提出了这一点:"在我看来,保全自我身体的完好健康,是自然赋予每一个个人的首要关切。"[2]

在这里,"需求"(needs)和"欲求"(wants)的区别尤为

第一章　论自利

值得注意。我们身体的需求是先天决定的，其对象仅限于营养、休息等特定条件。相比之下，我们的欲求抑或欲望另有来源。如果在一台法拉利和一台福特之间做选择，大多数人或许会认为青睐前者是合情合理的，但恐怕不会有人"先天"地"想要一台法拉利"。笔者之所以举这个例子是为了说明，在斯密的自利观里，对法拉利汽车的欲望并非"天性"。在斯密看来，属于人类天性之一部分的那种自利是以自身福祉（self-care），而非盖科先生那句台词中的"贪欲"一词所指的个人利益（self-interest）为目的的。

其次，亚当·斯密虽认为自利是"天然"的，却没有立刻断言自利就是好的。让我们再次回到盖科先生的那句台词上来：在他眼里，贪欲不但是天然的，还是"好"的。这句话的背后至少有两种可能的含义。一方面，认为"贪欲是好东西"，可能指的是相信贪欲对社会"有价值"（useful），如贪欲主导的消费行为在经济上刺激了生产率的增长，最终增加了社会财富。另一方面，"贪欲是好东西"这句话也可能指贪欲是一种道德或伦理上的良善，认为我们把一种美德错当成了罪孽——安·兰德著作《自利的美德》（The Virtue of Selfishness）的标题就陈述了这种看法。那么，上述观点是否能描述亚当·斯密的立场，如果是，他的立场又是上述两个命题中的哪一个？

有很多迹象表明，亚当·斯密认同上述命题中的第一个。在《道德情操论》（他在《国富论》中当然也有类似论述）中，斯

伟大的目标

密认为自利的天性"激发了人类的勤奋性格，驱动了不懈的劳作"，因此"是好的"。这种勤奋最终也将为社会整体带来切实的好处。尤其值得注意的是，社会中的富人即便（乃至正因为）"有自利而贪婪的本性"，最终仍将拿出自己通过自利行为积累的财富"与穷人分享"。正是在这里，斯密笔下那只"看不见的手"（invisible hand）正式登场：他认为，富人"将在看不见的手的引导下，让生活之必需条件的分配状况几乎与整个大地被平分给各个居民时无异"。换言之，一些人的自利活动可以为所有人提供"生活之必需条件"，因此，自利不但能增进自利者的个人利益，也能增进"社会的利益"。[3]

亚当·斯密显然相信自利有其实用价值。但他是否认为自利是一种道德上的良善呢？在这个问题上，我们必须小心。简而言之，斯密认为自利的道德属性因情况而异，其中一个尤为关键的条件便是我们满足自利需求的方式。斯密曾明确指出，"追求个人幸福与利益……在很多时候（可能）是令人尊敬的行为准则"，某些"因自利动机而起的"行为甚至"应受到所有人的尊重与赞许"。[4]但斯密的态度并非如此单纯，他很清楚，人在追求"一些重要的个人利益"时常常做出"不正当乃至过分"的行为。[5]由此可见，亚当·斯密对自利的道德属性的看法至少比盖科先生更复杂。斯密认为，对个人利益的自利追求可能是道德的，也可能（且时常）是不道德的。能否理解这两种逐利方式的区别，左右了我们能否过上良好的生活，本书也将在此后回到这个问题上来。

关于自利的另一个要点也值得注意。在本章开头引文的最后,斯密认为每个人都"比其他任何人更适合照顾自己的福祉"。[6]这句话也有两种理解。它可能主张个人能比其他人更好地照顾自己的福祉,也可能主张每个人比起照顾他人福祉,都更擅长照顾自己的福祉。我认为,这两种解读都符合斯密的观点。这句话背后的关键理念在于个人责任,即相信每个人都是自身福祉的最佳管理者,并希望人们尊重每个人作为自身福祉最佳管理者的地位。在接下来的章节里,我们还将继续讨论这一观点,但现在,本书试图重点阐述的,是亚当·斯密确实认为自利是人类的天性。不过,"自利"一词的含义在这里十分具体,远不像今人讨论自利与资本主义的关系时所认为的那样宽泛。

第二章
论关怀他人

15　　"无论一个人多么自利,他的天性中显然还有一些原则引导他关注他人的境遇,让他人的幸福成为他自身幸福的必要条件。"

　　解读:我们不但天性自利,也天然地关怀他人。

　　上文提到,亚当·斯密认为自利是人类的天性,但这不可能是人类唯一的天性。除了关注自身的福祉,我们还天然地关注他人的福祉。正如斯密在本章开头的引文中指出的那样,我们的天性中"有一些原则"让我们关注他人,并让我们对他们的境遇产生"关注"。在这里,斯密当然需要解释这些原则指的到底是什么。他或许也需要解释自己为什么产生了这样的想法:毕竟,他在这句引文中对读者断言,自己的这一论断是不言自明的。不过,这些疑虑不应让我们忽略斯密在这里提出的一个简单而关键的要点:自利只是人性的一部分,而对他人的关切构成了人性的另一部分。

　　斯密的这个论断既出人意料,也颇具意义。这一方面是因为

第二章　论关怀他人

亚当·斯密本人：鉴于他在当今的名声，他对人类自利天性的讨论不会令人感到意外（正如他在本书前一章讨论的那句引文中做的那样）。但本章引用的这句亚当·斯密的论述，或许会对那些以亚当·斯密为自利性吹鼓手的人感到惊讶。不过毫无疑问，这句话确实出自亚当·斯密之口，本书在引用这句话时也没有断章取义，对他偶然发表的次要言论大做文章。事实上，这句话就是《道德情操论》开篇的第一句话，可见其内容对斯密有着怎样重大的意义。或许可以这么说：在今天，我们在提起斯密时往往首先把他称作人性自利论的旗手，但在关于伦理学的著作中，斯密本人写下的第一句导言却提醒读者注意我们对他人的天然关切。斯密希望我们从对他人的天然关切，而不只是对自身福祉的先天关切出发，考察人类的道德生活。

斯密的论断之所以令人意外，还有另一个原因。到目前为止，我们都把斯密试图讨论的对象称为"对他人的关注"或"对他人的关切"。这些说法或许合乎引文的字面内容，却无法充分捕捉斯密的内在意涵。这首先是因为"关切"一词不带情绪。说我们人类不但天性自利也天然地"关切"他人，与当代社会科学界讨论"利己"和"利他"时的冷峻口吻别无二致。在这里，我并不想否认或轻视社会科学界对利己和利他问题的诸多重要认识，但我们需要注意的是，斯密在这里的论断比大多数当今社会科学家的态度更为坚决。[1]在这里，斯密的论述远不止在于承认人性的利他一面，而且更为激进地断言，自然不但赋予我们以对他人的关切，还给这一关切赋予了极大的价值与影响力，足以使"他人的福祉"成为我们的"必要需求"。

在多种意义上，斯密的这一论断都是十分有力的。首先，通过称他人福祉为"必要需求"，斯密有力地动摇了一般人在个体与集体、自我与社会间预设的区隔。今人时常把自我与社会严格区分开来，但斯密不认同这一点。即便在追求个性的同时，个人仍必然在一种更深的层面上与其他人相关。这一观点在社会和政治上的影响之大毋庸赘言。如果共同体中其他个人的福祉真的是我们自身利益的"必要需求"，很多在今天耳熟能详的政策——尤其是那些要求社会中某个群体或阶层牺牲利益，以为另一个群体赋予更优待遇的政策——都难逃重新审视。但现在，本书试图阐述的要点在于，斯密坚决不认为个人与个人的福祉间存在零和关系：如果我知道你日子过得很差，我自己也不可能全然幸福。斯密认为，即便世界上最为自利的人，也无法逃脱这种关怀他人的天性。"无论……多么自利"，只要身边的人生活幸福，这些人自己也会感到幸福。

但在此之外，斯密这一论断值得我们关注，还有另一个原因，而这个原因与本书写作的主要目的有关。本书的主题在于讨论怎样过好生活，以及实现这一目的时需要面对的挑战。一种好的生活是具有统一性的生活，是一种能将自我的不同组成部分汇聚并整合起来的生活。[2]这听起来十分美好，但在《道德情操论》开篇第一句话里，斯密便向我们提示了达成这种生活有多困难。

第二章　论关怀他人

我们的本性中存在两种看似背道而驰的动机,一个引导我们关注自己的福祉,另一个引导我们关注他人的福祉。在《道德情操论》的后续篇章里,斯密再次讨论了这个问题,提醒读者注意"我们的偏好如何在自利与仁慈之间陷入重大分歧"。[3] 斯密的结论本身并不出人意料,但这个"重大分歧"正是我们在追求生活统一性时需要面临的一项关键挑战。

如果没有这个分歧,我们的生活会轻松很多。如果只关心自己,我们就会省去很多犹豫,不必在意其他感情的干扰,不必顾忌他人,基于自利原则过完一生。这或许不是一种好的生活,但至少是一种贯彻始终的生活。同样的,如果我们只是一刻不停地关心他人的福祉,而从不考虑自己,我们就能全身心地为他人奉献,不受自利心理左右。然而在现实中,如果我们真的想要公正地对待自己天性中的这两个层面,全然自利与全然无私的生活都是不可取的。除非牺牲自己的某一半天性(我怀疑大多数人不愿这么做),我们总要找到一种生活方式,将关注自我与关注他人这两种动机兼顾起来。

第三章
论为他人而行动

19　　"人先天地要采取行动,运用自身机能改变自己与他人所处的外部环境,使其达到应最能增进所有人福祉的境地。"

　　解读:我们不但天然地关心他人,还会天然地为他人行动。

　　在我看来,上述引文是亚当·斯密著作中最令人意外,也最为重要的一个论断。一个人如果只把亚当·斯密当作某种以自利为基础的夸张的资本主义观的吹鼓手,这个大胆的论断无疑会打破他的预期。在这里,亚当·斯密关注的是人类的天性:他认为,人类的本性就是为他人、也为自己采取行动,这显然是戈登·盖科先生绝对无法认同的。但为了充分理解斯密的观点与盖科的观点到底有多大分歧,我们需要将上述引文分成几个部分加以解读。

　　首先,斯密的这一论断以一个十分具体而明确的区分为基础,那就是"与他人共感"(feeling for others)和"为他人行动"（acting for others）的区分。对于那些只能与他人"共感"的人，斯密的评价不高——这些人总是喜欢强调（乃至标榜）自己的"善意与祝愿"，常常"以人类共同的朋友自居，因为他怀有满心善意"。但在斯密看来，善意如果不能唤起辛勤的努力，让良好的愿望实现，就没有多少意义可言。那种只与他人共感的人只需对他人的遭遇感同身受，就能轻易满足，不过斯密认为这种人没有可敬之处。真正值得我们赞美的不是在私下里被动感受到的好意，而是需要实际行动与力量的"动作"和"投入"。斯密明确地提出，这种努力的负担一定是沉重的。在上述引文的后续段落中，他还明确提出，一个人如果要过上一种不辜负这种意愿的生活，就必须"调动起内心的全部勇气"，且"绷紧每一根神经"。这可不是懦夫所能承受的。

斯密对"共感"与"行动"的区分有很多值得讨论的地方。略通拉丁文的哲学家或许可以把斯密的论述解作"慈爱"（benevolence）与"慈善"（beneficence）的区别，但对我们大多数人来说，斯密将善意与实际善行相区分的做法背后的最大问题在于，它是怎样让斯密提出了一种远比本书之前考察的论述更为强势的人性论的。本书的前一章提到，斯密认为对他人境遇的"关注"是人性的一部分。但在这里，斯密的立论更为大胆，他认为自然赋予我们的关照他人福祉的本性，远比毫无情绪色彩的"关注"更强大。我们对他人的关注远远不只是一种纯粹的善意感觉，甚至不只是一种崇高而理想化的利他思想。善意的感觉与利他思想都是被动的（passive），而在斯密看来，人类关注他人的本性应当是主动的（active）：它鼓舞并塑造着我们的行动，最终左右我们的活法。

斯密上述观点的另一个重要层面在于这种先天的利他行为的目的。斯密指出，这种行为的目的是推动"改变自己与他人所处的外部环境"。斯密没有明确解释这些外部环境的改变具体指涉什么，但他还是为我们提供了一些线索。首先，"外部环境"的提法旨在强调，人类先天的利他行为应关注他人的现实福祉。换言之，在为他人的福祉而行动时，我们并不试图干涉他们的思想。我们并不想改变他们的认识、价值观或"启发"他们，而是在力所能及的范围内减轻他们正在蒙受的困难，如贫困、疾病或悲伤。此外，我们试图帮助的"他人"并非远在天边，而是近在身旁，他们是我们的邻居，与我们共同生活的人，以及那些受我们行为直接影响（无论好坏）的人。

先天的利他性要求我们无论采取何种方式，都要为外部环境带来"最符合所有人福祉要求"的改变，这一点同样重要。在这里，斯密认为人必须在行动时确保自己的行为不会以某个群体或个人的福祉（包括自己）为代价，增进另一个群体或个人（包括自己）的利益。斯密之所以强调"自己与他人"所处的外部环境，就是为了明确地提示这一点。换言之，斯密认为，人的天性并不要求我们牺牲自己成全他人，也不要求我们牺牲他人的福祉为己谋利，而是要我们以公正的姿态，同时尊重自我与他人

第三章　论为他人而行动

的合理诉求。而如何在这些可能彼此冲突的利益关切中找到良好的平衡，正是我们能否过一种良好生活的关键所在。

最后值得一提的是，在本章开头的引文中，斯密对人类本质提出了一种重要的认识。在之前的段落中，我曾说斯密在这里试图提出一种人性论，但这不足以充分表现他真正的论述目标。认为人类有某些可被称作"天性"的先天冲动或激情并不出奇，但与这种看法相比，斯密的论断更为激进。他认为，我们人类不但有"天性"，还有某种本质的"目的"。这一观点或许有很多值得讨论的地方，但在这里，我们至少可以承认，在斯密看来，人类生来带有目的，其内容超越了对自我需求与欲望的满足。

第四章
论想象

23　　"在人们的想象里,能获得他人最广泛的同情与注意,似乎是极为重要的。"

解读:我们的欲望远不止于满足肉体的需求,我们最想得到的是他人的关注。

我们已经知道,在斯密看来,人既天然自利,又天然地关注他人。然而,自利的人到底想要什么?从本书第一章我们知道,在斯密看来,人作为一种生性自利的动物,首先要满足自己的肉体需求,但毫无疑问,人的欲望远非这些基本需求所能囊括。在这些欲望当中,其中一个(或许也是最重要的一个)便是斯密在上面这句引文中提出的对"同情与注意"的追求。

那么,"同情"和"注意"分别指什么?在《道德情操论》中,"同情"的概念至关重要,但斯密为这个词赋予了极为具体且独特的含义,我们只有详加考察,才能充分把握其内涵。不过在这里,我们只需知道,斯密把同情视作一种所有人天生具备的内在情感,认为人类正是在同情的作用下寻求与他人的所谓

第四章 论想象

"伙伴感"(fellow-feeling)。斯密由此认为,这种对他人同情的欲望总会"让我们为他人设身处地,在他人的立场上,用他人的视角审视他人的处境"。[1]就这样,斯密将同情心放到了自己社会观、政治观的核心位置。今天,人们在关于文化和政治议题的论争中越来越不愿从对方的视角和立场出发看待这个世界,斯密的这番话因而也向我们表明了,他的这种社会观、政治观在当代有着怎样可贵的价值。

同情的上述含义固然重要,但我们眼下需要将这个层面搁置起来,讨论同情的另一个与本书主旨,即怎样过好生活更为相关的层面。斯密认为,同情是我们天然想要从他人那里得到的一种恩惠。换言之,我们不但天然地倾向于同情他人,也天然地想要被他人同情,斯密提到的另一个概念——"注意"便准确捕捉了同情心的这一面向。在使用"注意"一词时,斯密试图表达的概念与当代哲学的"承认"(recognition)不无相通之处,但在这里,因为"注意"是斯密的原话,也多少更接近我们的日常话语,我选择将其沿用。在这里,斯密试图表述一个简单的事实,即我们都希望被他人"注意到",或得到他人的注视。斯密认为,人总想成为他人目光关注的对象,因此总是热衷于占据"能获得(他人)最广泛"关注的位置。

在我看来,斯密对人和人所处之世界的理解鞭辟入里。人总想成为视线的焦点,当代人在这一点上更是尤为迫切。诚然,古希腊城邦或古罗马的市民们也曾为获得他人的关注彼此竞争。古代世界的荣誉文化以对荣耀、承认和优越地位的争夺为基础，这一文化后来为近代早期欧洲的宫廷社会继承，演变成君王对排场与气派的迷恋，而这种现象也令斯密好奇不已。[2]不过，在斯密身处的时代，荣誉的文化发生了一些变革，其结果最终塑造了当今世界的面貌。从前，荣耀和名誉是精英阶层的专利，但斯密在著作中提及的"注意"是一个高度平民化的现象，是一种存在于所有人心中的普遍诉求；而在今天，所有人都或多或少能享受到他所说的这种"注意"。社交媒体或许是我们这个时代最具标志性的现象，其运转背后的驱动力便是人对他人注意的欲望。出于善意，我未尝不能把社交媒体当作一种增进人类连通性、促进有意义内容分享传播的媒介，但在内心深处，我依然怀疑，大多数社交媒体用户之所以上传内容，只是受到涨粉和点赞的诱惑而已。这些数字都以量化形式衡量了斯密所谓的"注意"，这种"注意"也诚然如他所说，在我们的心目中"极为重要"。

上述说法向我们提出了一些新的问题。首先，我们该怎样看待这种想要被他人注意的欲望？它到底是好事，还是坏事？在这个问题上，斯密并未立刻做出直白而明确的回答，他既不想赞扬这种欲望的好处，也无意抨击其坏处。当然，他会在之后给出自己的评判，但在这里，斯密的意图是单纯的，他只想提起一个现象：作为一名坚定的经验主义者，斯密只是通过自己的研究，发现对他人目光的欲求"似乎"在很多人心目中都有着异常重要的地位，并对其加以重视。

第四章 论想象

由上述说法引中出的第二个问题关注的是人对他人目光之欲求的来源。在这里，斯密的说法颇为有趣。与当初对人类保全自身身体健康之需求的阐述不同，在描述这种对他人目光的欲望时，斯密并未将其归结于我们的"天性"，而是将它归于"想象"。这一点值得我们好好探究。通过将某种欲望归结于我们的想象，斯密想要说明什么呢？至少，斯密在这里试图表示，我们希望被他人注意的欲望，在来源上与我们对身体健康和自身存续的需求截然不同。我们的基本需求来自自身身体的生存需要，但我们对"他人注意"这种新对象的欲求根植于我们的想象。

斯密的说法具有某种更深的意味。我们的身体需求是有局限的。为了维持生命，我们需要获得一定量的营养，但在超过基本限度之后，我们就不会得到更多好处，反而有可能因摄取过多养分为自己招来损害。不过，虽然肉体有极限，我们的想象却无边无际。想象具有诸多独特的性质，它可以突破肉体的限制，还能在时间和空间里无拘无束地流动。借用想象的这些特性，我们可以做一些身体其他部分无法做成的事。不过，无边无际的想象也提出了无边无际的要求。因此，人虽然能比较轻松地判断保持身体健康所需的营养条件，却很难判断自己需要得到他人的多少关注，才能让自己幸福。卡路里和推特的粉丝人数同样可以计量，但对于卡路里，我们可以简单地断定摄入多少就是"够了"，而对于粉丝人数，大多数人（托尔斯泰或许是个例外）很难断言到底达到多少才能满足一个人的需求。

关于想象，还有最后一点值得我们注意。在日常语言里，我们把来自想象中的事物称为"幻象"（imaginary），而我们对他人关注的欲望又来自想象。那么，我们对他人关注的欲望是否也应算作一种"幻象"？我们不应草率地将这种欲求视为虚伪，但这样的提法确实能迫使我们扪心自问，为自己通往一种良好生活的道路澄清几个疑点：得到他人注意是不是过好生活的必要条件？对他人注意的欲求既然来自想象，它对我们是否真的有和健康体魄同等的必要性，还是说只是一种可以全然舍弃的想法？在这两种可能性之间，又是否存在某种折中状态？他人的注意是否存在不同的种类，其中一些比另一些更优越，乃至给我们带来比他人更大的好处？只有解答了这些问题，我们才能探明自己在人类自利性问题上所能企及的最大深度。

第五章
论改善自身处境

"所谓'改善自己的处境',这人类生活的伟大目标,到底能带来怎样的好处?被人发现,被人关注,被人报以同情、满意与赞许,就是我们的答案。"

解读:为了满足基于想象的对他人关注的欲望,我们致力于积累财富、提升地位。

我们的身体需要物质供养,但我们的想象需要的更多:它让我们寻求他人的注意。但怎样才能得到他人的注意?我们该怎么做,才能让他人注意到自己?在这里,斯密给出了答案。为了让自己"被人发现"和"被人关注",我们决定"改善自己的处境"。

什么是"改善自己的处境"?在讨论这一问题的主要著作《国富论》中,斯密指出,"大多数人都希望借增加财富改善自己的处境"。[1]他的观点一目了然:大多数想要寻求他人关注的人,都想通过赚钱达成这一目的。他们认为,真正重要的"处境"是自己的社会地位,而非身体或精神的状态。他们还认为,改善

伟大的目标

29 这种社会处境的最好办法,就是赚钱致富。事实上,在斯密看来,人几乎就是为了受人关注、提高社会地位,才会有发家致富的欲望。"富人以自己的财富为傲,"他说,"是因为富人觉得自己理应受举世瞩目。"[2]

在这里,斯密的主张可谓大胆。对于人为什么想致富,我们或许都能想出不止一个原因。想要致富的人可能想用钱把自己喜欢的昂贵商品买到手,用财富为家人带来安乐,或享受提前退休的安逸。但至少在这里,斯密没有列举这些原因,而是把人想要致富的心理归结于对他人关注的欲求——"这种对他人感情的欲望,正是我们之所以想要脱贫致富的主要原因"。[3]

上述观点在斯密的思想中十分关键,他在后来还曾基于这一论断,提出财富与荣誉的"唯一好处"在于满足人"对超群地位的热爱"。[4]不过,他为什么认为这一点如此重要呢?这个问题背后可能存在两个原因,它们看似相差甚远,却并非毫不相容。一方面,财富与荣誉的关系带有非常乐观的现实意义。斯密认为,我们都寻求关注,而获得关注的最好办法是积累财富。如果这个说法成立,我们当然有理由为此感到庆幸:在这个商业当道的时代,有无数机会可以让我们积累财富,以满足自己受人关注的欲望。

如果考虑到接下来的这一点,斯密论断的这一面向就更具意义了:在这样的一个世界里,受益者并不局限于那财富金字塔顶端饱受非议的1%。事实上,现代世界见证了无数人脱离贫困,

第五章　论改善自身处境

乃至过上小康生活，也为很多精英阶层以外的人带来了尊严与认可。这一点或许会与当今世人的印象相反，但亚当·斯密本人十分在意穷人的困苦处境。事实上，他为市场社会（market society）辩护的主要原因，在于相信这一安排能为穷人带来巨大的好处。而在穷人的诸多困难当中，斯密尤为在意的便是穷人受到的对待——在本章开头引文出自的段落里，他曾对穷人在社会上的悲惨地位有生动描述。在这里，他认为贫穷的状态让穷人"沦落到全人类的视野之外"，让他"被人忽视"，令处境更好的人"将视线从他身上挪开"，最终迫使自己"避居暗处"。

在这里，斯密巧妙地捕捉了一个非常常见的现象：富人时常受崇敬，穷人则被刻意忽视。只要采用这种表述，我们就不难发现，斯密对财富与他人注意之关系的观察具有重要的现实意义。在斯密看来，这种现象的意味，远不只是暴发户在开着法拉利等红灯时满足于路人投来的目光那么简单。如果在现实中，穷人甚至无法得到中等财富可以赋予一个人的社会地位与尊严，我们就必然乐见一个能让尽可能多的人改善自身处境的世界：通过改善自身处境，他们将享受他人的充分尊重与承认，过上有尊严的生活。

我们所在的当今世界是不是这样一个让最贫穷的人也有充分机会可以改善自身处境的世界，当然是一个值得讨论的问题。但就本书主旨而论，斯密此言的主要含义在于，商业社会的价值首先来自其改善穷人处境，为最困苦之人带来尊严的能力。此外，

伟大的目标

斯密也深知商业文明自有黑暗的一面。只要考虑到财富与他人注意之间的关联对人过好生活的努力有何影响,这个黑暗的层面便不言自明。

总而言之,斯密认为,财富可以买来他人的关注。但与此同时,斯密也知道用财富买来的关注本身带有额外的代价。更具体地说,这种关注造成的代价常常与关注本身一样宝贵——对那些自觉想要过上尽可能好的生活的人来说,这种代价甚至比从财富中获得的关注更为宝贵。这是斯密著作中一个十分庞大的主题,但现在,我们可以回到不久前引用的一段斯密的言论,以作为进一步探究的切入点。如前所述,斯密认为"财富与荣誉"因其能满足我们"对超群地位的热爱"而受人珍重。但就在同一页,他也曾说"财富与荣誉只是缺乏功用的玩物,并不比玩具爱好者的收纳箱更能让人感到身体安适,或内心平静"。对于这句话,我们需要多加推敲。财富满足了想象赋予我们的欲求,却无法给我们以身体所寻求的"安适",也无法给我们以心灵所寻求的"平静"。如果这是对的,商业活动最终就只能满足我们的一部分,而非全部需求与欲望。

第六章
论痛苦与混乱

"人生痛苦与混乱的一大共同根源,似乎源自对不同的永久性处境间之差异的高估。"

解读:不幸福源自对自身匮乏之物的高估,和对自身所有之物的低估。

在第五章中我们已经看到,斯密认为人可以通过改善自身处境满足部分需求与欲求:改善自身处境可以有效地让我们得到他人的关注,却不能给我们带来身体的安适与内心的平静。可如果情况比这更糟呢?如果在寻求改善自身处境的同时,我们非但没有牺牲某些利益换取另一些利益,反而让自己失去了享受这些好处的机会呢?

在本章开头的引文里,斯密明确地提出了这一可能性。如前所述,斯密认为,人类之所以寻求改善自身处境,费尽心思提高收入水平与社会地位,是因为在他们眼中,这么做可以为自己博得关注,从而让自己幸福。但现在看来,这条道路的终点恰恰与幸福和充实相反——"苦难"与"混乱"!

斯密说这些到底是什么意思？为了厘清思路，我们首先需要看到，斯密在这里提出了两个具体的要点，其一认为我们倾向于"高估"（斯密语）自己当前未持有之物的价值。对于这种现象，我们当然耳熟能详。在日常生活中，我们都曾对某个事物无比期待，但在将其拿到手几个月（抑或几周、几天乃至几小时）之后便弃如敝屣。当代经济学家则喜欢以彩票中奖者的例子说明这一点。[1] 买彩票的人总是梦想着自己能一夜暴富、扭转命运，但在真的中奖之后，奖金反而扰乱了他们的生活，时常令他们过得比之前更不幸福。不过，斯密早在1759年就已料到了这一切。"贪欲让人高估贫富的差异，"他写道，"野心让人高估了私职与公职的差异，虚荣让人高估籍籍无名与名声显赫的差异"。[2] 人们在传统上相信贫穷与富裕、无闻与有名之间确实存在显著的差别，但斯密认为，这些状态之间的差距，或许没有我们在展望未来理想时所设想的那么悬殊。

不过，高估对未来的想象之价值只是问题的一个方面。在高估未来的同时，我们也会低估自己的现状。这同样是一个常见于生活中的现象。大多数人不会每天抽出时间，清点人生中有幸得到的所有眷顾，并对其一一表示感激之情，这是因为就连我们当中最平庸的人，也或多或少具备让自己尽可能感到幸福的必要条件。斯密明确地表达了这一点，在本章开头引文所在的同一页上写道："……在人生所有寻常处境里，一颗良善的心可以是同等平静、同等愉快、同等满足的。"[3] 在下一页里，斯密进一步发展

第六章 论痛苦与混乱

了这一说法,将希望中那些"熠熠发光的良好情境"与"我们现实中的平凡处境"相对比。在这里,他试图指出,"我们真正的幸福"只能在现实处境中找到,而"虚荣与优越感带来的欢愉很少与内心的全然平静结伴登场,而后者正是一切真正而充实之欢愉的基础原则"。[4]

在《道德情操论》里,斯密用一则令许多读者印象深刻的寓言,生动地演绎了自己对这一观点的认识。在《道德情操论》第四篇里,斯密讲述了一个"穷人家的儿子因上天的愤怒而激起野心"的故事。这个年轻人"环顾四周,开始艳羡起富人们的生活",他随即开始设想自己如果有了和他们一样的财富,将过上怎样的生活,最终"被这幸福的妄想迷住了"。在妄想的驱动下,他想尽办法追求富人的地位,"将自己投身于对富贵的不懈追求中",但对任何了解斯密观点的人而言,他的结局都一目了然。这个穷人家的儿子奋力打拼,让自己的"身体无比疲倦,精神空前紧张",简直成了自己野心的奴隶。为了追求一种"自己永远也无法达到的"富贵幻象,他反而"丧失了一种无论何时都唾手可得的真正的宁静"。最终,他只能在弥留之际咒骂自己的野心,哀叹自己"愚蠢地牺牲了"多少本应属于自己的欢愉,"去追求一些不会让自己真正心满意足的东西"。[5]

斯密的观点颇令人警醒。在斯密于格拉斯哥大学的哲学讲席上宣讲《道德情操论》的早期版本时,他的学生们一定大感震惊,而在今天,我的学生们听到同样的内容,也会大为震动。他们本以为自己应为学习、工作、实习、社交或课外活动投入无数时间与精力，但看到斯密的这段文字，他们也难免猜想这一切努力是否值得。这种动摇是人之常情，也很有可能是斯密想要通过这则寓言在我们心中唤起的感受。但他希望我们从中学到什么呢？一旦意识到"他人的注意"很可能没有我们想象的那样有价值，我们又该怎样过好自己的生活？

我认为，上述讨论并不意味着斯密简单地试图让我们放弃追名逐利的游戏，不再寻求改善自己的境遇。斯密是明智的经济学家，知道这么做对社会没有好处：毕竟，人基于改善自身处境的天然欲望而采取的行动，才是驱动经济增长、消除贫困、让更多的人享受富裕生活的必要动力。但是，斯密显然也试图提醒我们思考，人应怎样致力于改善自己的境遇，才能在增加社会整体财富的同时增进个人幸福。那个寓言里的穷人家儿子采取的方式，便在为社会增加财富的同时，折损了他自己的幸福。这样的理解将会让我们产生另一个疑问：是否有其他方式能让我们在改善自身处境时既有益于社会，也能真正有益于自己？

如果有，那些方法又是什么样的？

第七章
论健康的心灵

"幸福与痛苦总是在意志中共生,它们首先一定是取决于心灵而非身体的健康与整全。" 36

解读:幸福的关键在于内心,尤其取决于一颗健康的心灵。

众所周知,亚当·斯密留下了两部著作,一部关注伦理学,一部关注经济学。鉴于本书的主旨在于探讨斯密思想对过好人生的意义,我们的焦点自然会放在《道德情操论》而非《国富论》上。但要说《国富论》里没有一点关于人生活法的指导,未免也过于极端了——毕竟,《国富论》的作者也是亚当·斯密,其篇幅更是超过了1000页。那么,《国富论》在怎样过好人生的问题上又有何见教?

事实上,《国富论》对人生的活法的确有不少讨论,这一点本身就值得我们注意。长期以来,主流观点认为《道德情操论》以同情心为主题,《国富论》以自利为主题,两书之间没有多少联系,还有德国学者为所谓的"亚当·斯密问题",即如何(或

伟大的目标

是否应当）将这两部著作联系起来的问题颇费了一些笔墨。当代学者已逐渐对这两部著作间的重合之处有所认识，一般不再以问题视之，但在本章中，我将指出斯密在两部著作间留下的另一处重合，这将与《国富论》为怎样过好人生的问题提出的一个重大见解有关。

若借用本章开头的引文，这个重大见解可简要表述如下：幸福更多地取决于我们的心理状况，而非身体状况。这一见解是《道德情操论》中斯密对于幸福之观念的核心。在本书的后续章节里，我们将进一步探索斯密对幸福心灵的设想，但眼下，我们只需简要说明这个出现在《国富论》中的观点在斯密的经济学思想中有何地位，也正是在经济学领域，斯密的这个观点尤为值得注意。认为幸福来自心灵而非身体本身不是新颖之见，数千年前的斯多葛哲学就已提出这一主张，当代的正念冥想师也不断强调这个观点。然而，斯密对于这个观点的提法之所以值得注意，是因为他深刻地理解了"幸福来自心灵"对我们的经济生活有何意义。

在斯密看来，"幸福来自心灵"对经济生活的意义主要有两点。首先，斯密知道，仅凭那些能改善物质生活、促进肉体安逸的事物不足以带来幸福。他的这一领悟，反而是今天的人们常常意识不到的：在今天，我们往往表现得仿佛这些东西（所谓"物质享受"）就是幸福的源泉一般。例如，我已订阅《华尔街日报》多年，每当周末版送到家门前，我总会直接翻开最喜欢

第七章 论健康的心灵

的版面：不是"商业与投资"（本教授平时就研究这个），甚至也不是"书评"（当然我最后还是会读一读的，这个栏目质量很棒），而是"业余生活"（Off Duty）。"业余生活"栏目罗列了时尚、休闲旅游、葡萄酒和各种小物件的流行趋势。我不是很热衷科技产品，也没什么时尚眼光，家里更没有多少高档藏酒，但我还是爱看"业余生活"栏目。这一方面是因为我能从中得到社交生活的谈资，但更重要的是，这个栏目为我提供了一个绝佳窗口，以领略当代商业社会为良好生活设计了多么丰富多彩的标签。

如果亚当·斯密看了"业余生活"版面，他会有何评价？一个富足的社会为这些事物所倾倒，当然是不会出乎斯密意料的。斯密本人（通过本书上一章提到的"穷人家的儿子"寓言）就曾以颇为不屑的口吻指出，在商业社会下，激起人对良好生活之向往的东西往往就是"无甚实际价值的小玩意"。[1]作为资本主义的思想奠基人之一，亚当·斯密深知这些小玩意虽然确实能带给我们快乐与安逸，但这种快乐或安逸又与真正的幸福截然不同——这反而是我们这些亚当·斯密的后人常常忘却的。正是上述观念，在一定程度上解释了斯密为何对幸福取决于心灵而非身体的看法抱有兴趣。

斯密对身体和心灵的区分还在另一个方面影响了他的经济思想。本章开头引文来自《国富论》第五卷中关于教育的段落。这一背景十分重要，因为在《国富论》第五卷里，斯密提出的

伟大的目标

观点足以令只知道《国富论》第一卷中制针厂、屠夫、酿酒师和面包师等例子（之后我们将讨论这些内容）的一般读者大感惊讶。在《国富论》第一卷中，斯密用上述案例提出了一个著名的观点，即专业化劳动分工是生产率长足进步的前提。[2]但在《国富论》第五卷里，斯密提出，通过分工实现的经济增长一定会带来社会成本。专业分工意味着工厂工人必须整日重复同一项工作，他们虽然会因此变得越发娴熟（从而令生产率增长），但也会感到无聊。事实上，由此产生的恶果远非"无聊"二字所能形容。在描述这些劳动者的精神状态时，斯密的用词更为尖锐："残破""畸形""麻痹""悲惨"。[3]

这就是亚当·斯密提出的悖论：劳动分工带来了物质上的富足，也造成了精神上的严重创伤。那我们该怎么做呢？斯密认为，这个问题"值得政府予以最严肃的关注"，人们只有在公共财政的部分支持下建立一套完善的教育体系，才能将其解决。[4]由斯密提出这一构想无疑是惊人的：鉴于他在当代的名声，今人往往以为他会站在学券制与委办学校①一边，而事实上，斯密的提议远不止于此。[5]眼下我们需要注意，斯密对于如何恢复人在精神上"健康"而"整全"的状态提出的制度性解决方案（即他在

---

① 学券制（voucher）指由政府直接向家长发放专项代金券，用间接补助替代对公立教育的财政支持，以鼓励家长自由择校和私立、公立学校间的竞争。委办学校（charter school）指美国自20世纪90年代以来以契约形式接受州或地方政府财政支持，但在地位上独立于传统公立学校，可在当地课程制度范围内享受较大办学自由的学校。

第七章 论健康的心灵

《国富论》中提出的主张），只是他提出的总体答案的一部分。毕竟，斯密很清楚，学校及其他机构的作用是有限的，人们归根结底还是需要扭转自己的思路（这甚至可能比制度性帮助更重要），重新看待自己的行为和自身所处的世界。尤为重要的是，我们需要以"心灵的健康与整全"为准绳，重新审视自己的精神需求，并据此评判我们在生活中的所作所为是否让我们更接近这一目标。

第八章
论平静与喜乐

40　　"幸福源自平静和愉悦。没有平静就不可能愉悦;如果人享受了全然的平静,几乎任何事物都能为他带来喜乐。"

解读:如果想要幸福,我们首先必须与自己和解。

今天,我们的生活是忙碌的。事实上,忙碌在很大程度上就是生活的代名词。当代人总是行色匆匆、七颠八倒,为了不落于人后,甚至不敢喘息片刻。但与此同时,我们又真诚地相信,自己想要的只是过得幸福。为什么我们做什么事都得一路小跑?我们的答案是,因为只有这样我们才能得到让自己幸福的东西。然而,当代人的这种怪异想法表明,我们都没能从第六章那个穷人家儿子的寓言中吸取教训。任何形式的忙碌显然都不是通往幸福的关键;事实上,在斯密看来,忙碌正是幸福的反义词,因为"幸福源自平静和愉悦"。

在这里,斯密又一次微言大义。毫无疑问,整日奔波对我们并非好事,我们之所以操劳,只是因为把操劳当成了幸福的前41　提。但斯密指出,真正的幸福并不在于得到某个东西,而在于成

第八章 论平静与喜乐

为某种人,在于学会自处。

上述发现首先要求我们让自己闲下来。如果想做的事太多,我们就只是自找麻烦。斯密曾明确地说,大多数人的不幸源自"他们对自己的安乐不自知,在该心满意足的时候不知足"。[1]如果对改善自身处境抱有盲目期许,我们往往无法满足自己的要求,到头来只是一边为欲望奔波,一边自讨苦吃。斯密甚至用略带夸张的口吻宣称:"……无论处在何等地位,人们的肉体安适与精神平和都大体相当,无数君王孜孜以求的安闲,也与在路边晒太阳的乞丐无异。"[2]

在这里,斯密想必无意让他的读者立志以乞讨为生。他曾对贫困生活有过评论,认为那不是一条通往幸福的可靠途径。不过,斯密确实希望我们放慢生活节奏,学会"知足",不要在办公室里伏案枯坐,而要像路边的乞丐那样抽空晒晒太阳。在我看来,斯密的这些教诲可以在很多当代人心中产生共鸣。虽然整日忙碌(或许正因为整日忙碌),人们开始重新调整自己的生活规划,试图找回内心的平静。我的一个朋友在苹果手机上设定了闹钟,提醒自己每半个小时"正念冥想一分钟"。当代人还设立了各种机构,以帮助人们找回心灵的重心。从瑜伽班到健身房,从冥想中心到针灸诊所,美国的上流中产阶级为自己设置了五花八门的设施,以填补或替代因从前那些可供人们逃离现实或超越现实的精神避难所(尤其是宗教场所)的衰退而产生的空白。

然而,这些都只是斯密言论比较显而易见的方面。如果斯密

伟大的目标

只是在说我们只要放轻松就能感到充实,这既谈不上深刻,也谈不上新颖。这一教诲或许很有意义,但只是老生常谈。相比之下,这句话里还有两个不那么直白的要点,与我们过好人生、维持心灵愉悦所需面临的挑战直接相关,值得多加关注。

第一个要点在于,斯密认为幸福不只源自内心的平静,还需要"愉悦"。他对内心平静的态度,因此与一些高度评价这种状态的思想流派有所区别。在古代哲学和一些宗教修道传统中,内心的平静源于禁欲,源于弃绝欢愉,以免自己心神扰乱,无法专注于更崇高的良善。斯密的观点与此不同。通过将内心平静和愉悦相联系,他认为人不可能只得其中一者而放弃另一者。换言之,我们不可能在拒绝愉悦的同时找到幸福。恰恰相反,人如果想要公正而全面地对待自己的天性,就必须找到一种兼具平静与愉悦的生活方式,在舍弃欢愉、一味自省的禁欲主义者和那个为追求享乐抛弃内心平静的穷人家的儿子之间找出一条折中的路来。

或者换一种说法:内心平静是幸福的基础,但这种平静必须能与我们追求愉悦的天性相符合,才能达到真正的幸福。这又将我们导向了斯密在这段论述中提出的另一个不甚直白却颇为重要的观点。最适合我们的内心平静必须兼容人性的种种方面,尤其是要照顾到我们作为人类先天的主动性。之前我们提到,斯密认为人类本质上是积极行动的动物:"行动是人的天职"。但在内心平静的问题上,斯密的这一看法为解释带来了挑战。我们时常

第八章 论平静与喜乐

把内心平静视作一种被动的状态。在我们的心目中,一个内心平静的人往往是避居世外的僧侣或隐者。斯密自己也不能全然避免这种刻板印象:他也用"知足"(sit still)和在路边晒太阳的说法表明,我们需要少一些动态,多一些静态,才能找到幸福。然而,如果我们真的如斯密所说,是终将以积极行动为使命的动物,怎样的"内心平静"才能适合我们?显然,斯密提到的"平静"既不同于避居修道院的僧侣,也有别于枯坐书斋的哲人。从他的这些论述中,我们可以逐渐明白,斯密正有意提出一个关于"最适合我们的生活方式"的头等难题:如果我们需要内心平静才能实现幸福,而通过避世实现内心平静的机会又如此渺茫,我们这些生来就要积极行动的人类,又该寻求怎样的平静状态?

第九章
论崇拜财富

44   "赞赏乃至崇拜富贵之人,同时忽视乃至鄙弃贫弱之人,这一心性既是维持社会尊卑与伦常所必需,也是腐蚀我们道德情感的最大且最普遍的症结。"

解读:资本主义带来物质进步,但也对人的生活造成了不可忽视的道德损失。

独具慧眼的亚当·斯密擅长同时把握一件事的正反两方面,这种看待问题的方式和当代人截然不同。今天的我们生活在两极分化的时代。当代人对社会和政治议题的辩论比起交谈,更像在意识形态的擂台上饱以老拳。更糟糕的是,我们的舆论场不但充斥着攻击性和极端思维,我们内心的想法与观点往往也是在偏听偏信的环境里形成的。这种环境在政治科学领域常被称作"回声室"(echo chamber),在哲学领域则被称作"认知泡沫"(epistemic bubble),但两种说法背后的道理是一致的:当代人的信念往往源自与自己本来就更容易采信的某方观点的片面接触乃

45 至绑定。然而,斯密不是这样。他矢志要看透事物的正反两方

第九章 论崇拜财富

面,即便在自己最关切的问题上依然如此。[1]因此,在资本主义的问题上,他开门见山地向我们提出:同一种心性既能维护"社会伦常"(order of society),与此同时又构成了"腐蚀我们道德情感的最大且最普遍的症结"。

在我看来,整部《道德情操论》里或许没有哪句话能比斯密的这句论述更发人深省。首先,斯密在这里向我们示范了一个人该怎样参与一场成熟而有建设性的讨论,即便讨论的话题能在我们心中唤起热烈的情绪反应。斯密不但没有根据自己的叙事与结论做片面阐述,反而希望读者同时注意到资本主义既带来物质进步又造成道德代价的两面性。在今天,斯密这种兼听而不偏听、穷尽事物各个层面的决心,正是他值得我们一读的原因。不过,他在这里也试图向我们提出一个货真价实,而且与如何过好生活密切相关的观点,值得我们多加关注。

在我看来,我们在过上良好生活的道路上面临着两个方面的挑战,它们都是从那种"赞赏乃至崇拜富贵之人"的"心性"中发端的。此前,我们已经看到了这种心性会如何发挥作用:无论是寓言里那个穷人家的儿子,还是所有和他一样在现实中体会过野心和对他人承认之欲望的人,都曾被这种心性左右。但在这里我们可以看到,这种羡慕富人、向往致富之路的心情也会在两个非常具体的方面产生代价。其一在于它对我们作为个人的影响。如前所述,我们对获得他人注意和出人头地的盲目追求伴随着巨大的心理成本,迫使我们放弃内心的平静,从而失去感到幸福的机会。换言之，在追逐现世利益的同时，我们却离自己内心的真正需求越来越远。这样一来，现实世界赋予我们的欲望和我们作为人的存在本身的需求之间，就出现了一种深刻的脱节。为了过上良好的生活，我们必须在现世的诱惑和真正的幸福之间辟出一条建设性的道路。

希望过好生活的人还面临着第二个挑战。之前提到的第一种挑战主要关系到现世对我们与自我之关系的影响，而接下来的第二种挑战，源于现世对我们与他人之关系的左右。换言之，敬仰富贵之人的心性并不只是令我们异化于真正的自我。事实上，"异化"（alienation）这个词（其发明者卡尔·马克思本人也曾读过亚当·斯密的著作）无法充分捕捉斯密的真正用意。在他看来，我们在崇拜财富的同时，不但拉开了与他人的距离，还招致了更为险恶的结果，让我们"忽视"乃至"鄙弃"那些处境不佳的人。斯密的这个论调比之前更进了一步。在本书之前的章节里，我们已经提到人倾向于关注富人、忽视穷人，但现在斯密提出，这种看似没有恶意的回避在性质上已与积极的仇视和轻蔑颇为相近。如果事实确如斯密所言，生活在这样一个鼓励个人改善自身处境的社会里，就只会让我们与自我和与他人的关系不断恶化。我们对获得他人关注的追求不但让我们远离了身体的安适与内心的平静，还促使我们"忽视"乃至"鄙弃"他人，而这恰恰与《道德情操论》开头那句重要的断言中提到的那种让我们"关注"他人福祉、以他人的幸福为自身幸福之"必要条件"

第九章 论崇拜财富

的"天性原则"相抵触。

这样一来,我们就触及了"怎样过好生活"这一问题的核心。斯密担心,我们所处的这个世界虽然提供了一些重要且货真价实的好处,却也改变了我们的性格,影响了我们与他人相处的方式。在今天,至少有一些人能对斯密的担忧抱有同感,而在斯密本人在世时,世界上也有一个人与他怀有同样的忧虑。在《道德情操论》初版刊行三年前,出生于日内瓦的哲学家让－雅克·卢梭发表了一部重要著作,涵盖了很多斯密在《道德情操论》中提到的问题。斯密曾读过卢梭的作品,也曾将他的作品译成英文,还与卢梭在不少问题上有共识(虽然两人也不乏分歧)。卢梭的那部作品题为《爱弥儿》,或《论教育》,主要讲述了一名教师如何将一名男孩从小教导成人,直到最终结婚成家。卢梭写作《爱弥儿》的目的在于阐述如何教育一名"社会中的自然人"。对于"社会中的自然人"是何所指,已有很多学者进行过考察。[2]但眼下,本书只希望提醒读者注意,卢梭在这个问题上拥有与斯密共同的忧虑。卢梭认为,现代世界对良好生活提出了独特的挑战,在自我与他人之间制造了矛盾:

> 从这些矛盾中又萌生出了一种时刻影响着我们内心的矛盾。在本性和他人的影响下徘徊不定,我们不得不任凭自己被各种冲动撕裂,它们虽共同作用于我们身上,却无法带我们企及任何一个重点。就这样,我们在纠结与动摇中走完一

生，到头来既没能与自我和解，也没能造福于自己或他人。[3]

卢梭写作《爱弥儿》的意图在于探索一种让人抵御现代世界的压力、重获自我统一性的方法，从而再次发现一种能同时"造福于自己和他人"的生活模式。和《爱弥儿》一样，《道德情操论》的意图也在于此：斯密试图用这部著作阐释，我们应如何兼顾矛盾的天性与现实世界的考验，过一种良好的生活。

有鉴于此，我们需要将思考的重点从发现问题转移到解决问题上来。那么，对于"人应如何过一种既对自己也对他人有益的生活"这一难题，斯密又有怎样的见教呢？

第十章
论友谊

"所以，人的心灵很少会如此紊乱，以至于连朋友的陪伴也不能稍微使其恢复平静与稳重。"

解读：独处并非人的天性，因为友谊可以平复我们的内心。

在定义了现代人过上良好生活所需面对的主要挑战之后，斯密接下来必须讨论，我们应如何妥善应对这些挑战。我们该做什么呢？事实上，斯密认为，我们能做的有很多。斯密提出的不少办法需要我们在智识与个人层面做大量努力，但他的建言首先仍是从一些平易近人的基础性建议开始的，其中最重要的一则就是（如本章开头引文所述）强调友谊的作用。如果你失去了内心的平静，深陷焦虑之中，那就请走出家门，和朋友聚一聚吧。

斯密的这项建议可谓十分直白。如果深陷在自己的情绪中走不出来（尤其是在紧张和焦虑时），朋友的陪伴可以让我们调整心情。在与他人共处时，我们就可以在某种程度上与自我拉开距离，或至少不用沉湎于自己的思绪。在之后关于其他行为的建议中，斯密还会再次提到友谊的这种让人超脱自省的作用，但现在，我们需要关注的重点在于，友谊可以让人的内心回归幸福所需的平静状态，因此是有益的。友谊的作用还不止如此：我们已经知道，幸福不但需要内心的平静，也需要愉悦。斯密认为，这种愉悦也是友谊能带给我们的一大好处。如果与朋友共度欢乐时光，"他们的快乐就会货真价实地成为我们自己的快乐"，因此，"我们的内心也将被真正的欢愉填满"。[1]

斯密认为，理想的友谊需要参与者共享快乐。这一认识有两个重要的意义。首先，斯密认为友谊必须是双向的：明白了这一点，我们就能避免对本章开头引文的一种误读。如果只说朋友的陪伴能帮助我们缓解焦虑、重拾内心的平静，我们就有可能犯下将友谊工具化的错误，认为友谊的价值只在于它能够满足我们的自利诉求。友谊当然能做到这一点，但它的意义不止于此。毕竟，如果我们只用工具性的思维认识友谊，我们就永远无法从中收获自己想要的东西。斯密笔下的那种友谊不是以索取，而是以分享为基础的。诚然，友谊能给人以内心的平静，但只有首先开放自己的心扉，毫无保留地分享、接纳他人的欢愉，为他人的欢愉而高兴，我们才能获得这种平静。

分享的概念将我们导向了斯密友谊观的第二个重要方面，即朋友之间最具标志性的行为。朋友们在一起应该干什么？对于这个问题，我们可以想到很多答案。一些交际活动相对不那么热

第十章　论友谊

闹，只需两个朋友在一起做同一件事，如一起进餐、一起跑步、一起钓鱼。这些活动只需一个人就能完成，但若有朋友在场，就更能令人愉悦。与此相对，还有一些活动是非多人协同不能完成的，比如一同演奏音乐、打网球或讨论问题。在这些活动中，两位朋友通过彼此配合，做出了一些在彼此分离时不可能完成（或至少不能以同样的方式完成）的事。在斯密看来，后一种活动体现的友谊最为关键。他指出，能够恢复内心平静的友谊要求我们进行这种更深入的共享。正因如此，斯密不但将"社交与畅谈"称为"恢复内心平静的最有效手段"，还视其为保持情绪稳定、"以令我们能感到满足和欢愉"的良方。[2]"畅谈"，即言语和思想的交流，是朋友之间最亲密的一种分享，也是与朋友交际时最为合宜的行为。

现在我们已经知道，朋友在交往时应展开深入的言语交流，并能从中得到内心的平静与愉悦。但关于友谊，我们还有一个问题需要解答：我们应与怎样的人交朋友？怎样的人最能交到好朋友？在这里，斯密的答案十分直白："在所有纽带中，基于对美德之爱好的纽带无疑是最为高尚的，也是最为幸福、最为持久、最为稳固的。"如果想让良好的友谊最大限度地发挥功用，我们应与朋友当中品行最佳的人往来。斯密认为，这种交往本身就能额外增进我们的幸福，因为这种友谊不必局限在某一个他者身上，"而是能安然无恙地将所有自己早有深交，且富于智慧与美德的人囊括在内"。[3]在这里，斯密仍

伟大的目标

需进一步解释"对美德之爱好"的具体含义,并解释"富于智慧与美德的人"为何富于智慧与美德。但至少,斯密在这里的说法可以让我们认识到,如果想要追寻一种良好生活,我们最好不要独行。

第十一章
论快乐

"人是焦虑的动物,必须用可以激荡精神的事物扫清内心的不安。"

解读:将生活中单纯的享乐当作调剂并多加自制,对我们有好处。

在这里,我有必要请求各位读者在两个问题上对本章宽容以待。首先,本章开头的语句是本书中唯一一句并非出自斯密本人之手,而是从一名学生在斯密教授的法学课上记下的一系列笔记中撷取的引文。凡是当过讲师的人都知道,讲师实际的授课内容和学生从课堂上撷取的信息并不总是吻合,所以对学生的课堂笔记,我们有必要保持谨慎。

我希望读者诸君对本章宽容以待的另一个原因在于,和本书之前关注的美德、幸福等宏大主题相比,这句引文针对的问题没有那么严肃。事实上,这句引文的主题就是"宽容"抑或"宽纵",尤其是在饮酒的问题上。如果斯密的门生也和当代的学生一样嗜酒,一旦在课堂上听这位导师提及饮酒,他们的耳朵肯定会立刻竖起来。值得我们注意的是，斯密本人对饮酒颇有兴趣，这种兴趣的来源与他在经济学和伦理学上的核心思想密切相关，也与他对"过一种生活"的认识颇有关联。

在经济学方面，斯密试图通过本章的引文阐述一种政府干预手段，即征税可能造成的不良影响。以商品"自然价格"与"市场价格"间的关系为主题，斯密主张，任何在一定时间内"让商品价格高于自然价格"的做法都将"有损国家的财富"。当然，商品价格背后有很多影响因素，税收只是其中之一。但在这里，斯密最关心的是针对"国内销售的啤酒或其他烈性饮料"的征税往往会将酒价抬升至普通人无法负担的水平，令"酒成为仅供少数人享用的商品，降低了社会全体的幸福程度"。[1]

然而，斯密认为，因对酒征税而变得更加不幸的并不只是社会本身，这种政策同样会对个人的幸福带来负面影响。正是在这里，他的论点开始逐渐接近本书的主旨。斯密认为，对酒精饮料征税之所以不明智，根本原因不在社会幸福水平的降低（虽然这确实是负面效应之一），也不在其能否限制酒精的过度消费（斯密认为这种政策往往会失败），而在其戕害了人的基本天性。在课堂上，斯密对学生们宣称："人是焦虑的动物。"他认为，人类天然地带有一些心理需求，有一些"必须"从心头"扫清"的"不安"。斯密对人性的这一认识可谓精到。通过断言人是"焦虑的动物"，斯密站到了一个比亚里士多德"人是政治动物"的经典论断激进得多的立场上。[2]这两种观点的分歧几乎折射了亚

第十一章 论快乐

里士多德与斯密,乃至古典时代与近代政治思想间的全部差异,其意义之深远在这里难以尽言。

但归根结底,本章引文之所以与本书的主旨有所关联,是因为它为我们应如何过好人生,尤其是如何在寻求良好生活的过程中应对焦虑给出了指引。克服焦虑、保持内心平静当然不是我们过上良好生活的全部必要条件,但如果不对这些问题多加关注,我们就几乎不可能过好自己的生活。斯密因此认为,我们最好利用起手头上一切可利用的资源,以平复心中的不安。在前一章里,我们已经知道,与朋友的交往是一种可以缓和心情的重要资源。而在下一章里,我们还将讨论克制愤怒、强化爱心对实现内心平静有何助益。但在本章中,斯密认为饮酒也能为我们舒缓情绪。我自己就对这一建议颇有共鸣——这不只是因为我喜欢带劲的啤酒与波旁威士忌,也是因为它让我注意到,斯密既对美德、责任、追求完美和幸福等人生中的大问题多有关注,又能切实地领会饮酒、社交等日常活动在良好生活中发挥的作用。

不过,我们也不应忘记,斯密虽然认同饮酒的积极作用,但在骨子里仍是一位美德的推崇者,还是一名道德哲学课的教授。因此,斯密只建议人们少量饮酒——这或许并不出人意料。斯密很清楚,身体的欢愉"时常误导我们暴露自己的弱点,让我们后悔莫及"。部分出于这一考虑,斯密将"自制"称作一项重要的美德。自制可以表现为多种形式,也时常体现在尤为高贵或充满英雄气概的举动中,但它也构成了斯密提出的另一项美德——

伟大的目标

"节制"（temperance），即"克制身体的欲望"，以"将其限制在优雅、得宜、体面而中庸的范围之内"[3]——的核心。

我的一位导师曾在餐桌上提到，亚里士多德所谓的"克制"既不是不喝马提尼，也不是喝两杯马提尼，而是不多不少，只喝一杯马提尼。亚里士多德和斯密虽然有不少思想上的差异，但至少在这一点上，他们达成了共识。

第十二章
论憎恨与愤怒

"憎恨与愤怒对心志健康者的幸福毒害最甚。" 56

解读：憎恨与愤怒有损内心平静，感恩与爱有益内心平静。

在第十章里我们已经看到，在斯密眼中，朋友的陪伴可以帮助我们找回内心的平静。但内心平静和因此而生的幸福感不但要求我们积极地做某些事，还要求我们在另一个方面自我克制。这意味着我们不能一味地置身于朋友当中以逃避自我，而是必须努力给自己定规，在总体上增强自己对某些情绪的感受力，但拉开与另外一些情绪的距离。

斯密认为，我们应尽力避免的情绪是所谓的"反社会冲动"（unsocial passion），其中最重要的便是憎恨与愤怒。这些情绪出现在我们心中并非毫无道理，在社会和政治领域自然也有其作用（我们会在之后谈到这一点），但它们也会妨碍个人幸福感的实现。斯密认为："在这些冲动发作时，人会感到自己的内心被一种暴躁而不受控制的力量撕扯、搅扰，令幸福所需的平静心态荡然无存。"[1] 因此，憎恨与愤怒不但对其指向对象不利，也对其感受主体有害。从一种更深刻的层面来看，这些情绪于人于己都是不好的。

在另一方面，同憎恨与愤怒相对的情绪也会给我们带来截然相反的效应。如果我们真的想达到幸福所需的那种平和心态，我们就要意识到"同（憎恨与愤怒）相反的感恩与爱（对此）最为有益"。憎恨与愤怒让对象和主体一道陷于不幸，感恩与爱则能为对象和主体同时带来愉悦。斯密相信，爱无疑具有这种力量："……爱的情感本身就足以让感到爱意的人心情愉悦……（它）能让心胸平和，似乎还可令主人生机勃发，有助身体健康。"[2] 因此，爱不但对被爱之人有好处，也（或许尤其）有益于爱人之人。正如本书之前曾提到的，斯密认为过上良好生活的关键在于找到一条既能造福于他人，又能有益于自己的生活路径，而爱与感恩或许就是最能体现这种综合的情感。

不过，斯密仍需解释此处的"爱"的具体所指。在今天，"爱"一词往往指代亲密关系意义上的爱情。对于爱情，斯密当然也发表过观点，且给出了并非全然正面的评价。[3] 但在这里，我们需要关注的要点在于，斯密的"爱"并不是情人之爱，而更像我们现在所说的慈爱，抑或对邻人的关爱。接下来，斯密还需要解释一种由慈爱或关爱驱动的生活到底是怎样的，但通过定义"爱"这一概念本身，我们已迈出了关键一步。我们由此至少可以确定，若要实现"过上良好生活"的目标，我们的生活必须

第十二章 论憎恨与愤怒

被爱心充满。

不过,在沿着当前的方向过度展开之前,我有必要简单地补足一下本书之前提到的一个要点。本书之前提到,斯密认为憎恨与愤怒是"有害"的。这一评价虽然在《道德情操论》的大部分篇幅中都成立,但仍有一个关键的例外情境值得我们注意。在书中某处,斯密提出,因特定个人做出的特定行为而唤起的憎恨与愤怒非但不是有害的,反而是有益的。这种特殊的憎恨或愤怒被他称为"基于同情的义愤"或"基于同情的愤慨"。[4] 在看到自私者欺侮天真无邪之人,抑或有实力者恃强凌弱时,善良的人会本能地萌生这种义愤。若看到壮汉强夺老太太的钱包,任何具有正常道德感的人都会对袭击者怒上心头,希望他为自己的不义之举付出代价。这种急公好义的本能欲望或许不会带来愉悦,也肯定不会为我们的内心带来平静与喜乐(至少在短期之内),却能引导我们支持维护公义的司法制度,为社会带来秩序。因此,这种义愤或许让好人感到痛苦,却有助于社会的运转。这种机制或许可以与那个穷人家的儿子相类比:他的野心虽然干扰了自己的内心平和,却有利于社会的有序运转。

不过,这种义愤固然重要,也只是斯密对憎恨与愤怒之情的总体评价中的一个独特例外。从表面上看,斯密的这个总体评价十分简单,甚至简单得让人迷惑。一言以蔽之:想要幸福吗?想要身边的人也幸福吗?那就少恨,多爱。我认为,这一观点确实是斯密对于良好生活之观念的核心组成部分。但在另一方面,如

59

伟大的目标

果斯密想说的只有这么多,他也不会成为一名值得关注的哲学家。如果斯密的教诲只有我刚才概括的那么简单,我就不必写一本书,而只要写张便签就好了。然而,一张便签就能写下的格言虽然能帮我们以一种可以即时为自己指明方向的形式澄清斯密的一些核心主张,却不足以捕捉《道德情操论》的真正主题。到现在为止,斯密还没有解释,我们要怎样做才能少恨而多爱——事实上,他需要用一本像《道德情操论》那样的著作才能做到这一点。如果爱于己于人都有好处,我们又该做些什么,才能让自己变得更有爱心呢?

第十三章
论被爱

"人性的诉求不在出人头地,而在被人所爱。" 60

解读:我们最根本的欲求是对爱的欲求。

我们都希望有爱——这是上一章所讲述的。上一章提到,关爱他人的感受对我们自己也有好处。借用斯密自己的说法,爱让人心情"愉悦",还可促进身体"健康"。但在另一个方面,爱也能给我们带来帮助:不仅爱他人对我们有益,被他人所爱也对我们有益。这便是本章开头引文的核心意涵:我们奔波操劳的目的归根结底不是为了出人头地,而是为了被人所爱。

在这里,我们可以看到斯密"自利"观的幽微之处。我们知道,斯密对自利的观念始于"人以照顾自己身体的福祉为天性",然后认识到人类因具有想象力,也会对他人的关注有所欲求。接着,我们意识到在斯密看来,除了这些需求和欲望,人类还希望获得内心的平静,否则便不能感到幸福。但现在,斯密的思路进入了"爱"的领域,他发现之前提到的所有人性诉求都不是全然永久的,它们都只能间接地指向那个足以定义"人性"

（humanity）的关键要素。而在这里，斯密得出结论：希望被爱是人之所以为人的一个决定性特征。

上述关于爱的讨论或许会让一些读者感到不适。很多人之所以被斯密吸引（正如斯密自己也主动向很多人发声一样），只是想从他的论述中找出自己想看到的东西，例如对自由市场经济下弱肉强食、头破血流的激烈竞争的赞美，而这样的世界似乎没有爱心的容身之地。虽然如此，仍有一些经济学家试图挑战这种对于市场经济的观念，并将爱的因素重新引入经济学的讨论中。[1]对于他们的努力，我也抱有一些亲近感，但在这里，我想要关注的是另一个主张，即认为在亚当·斯密看来，爱与被爱的感受是我们作为人类所应追求的幸福的必要条件。事实上，他曾在不同的地方反复提及这个观点。"自知被爱可以让人感到满足，"他曾在著作中指出，"对一个敏感而体贴的人来说，这种感受或许比其他任何美好的感受都更能增进幸福感。"[2]而在这段话的几页之前，他也曾以更加扼要的语气强调了这一观点："……人类的幸福感主要来自被人所爱的感觉。"[3]

之前提到，一些读者可能对上述关于爱的讨论感到抵触，但在我看来，有不少读者应该会对此表示欢迎。不过，无论对爱的话题有何态度，我们都有可能怀疑斯密在这个问题上有前言不搭后语，乃至自相矛盾之嫌。毕竟，之前的章节曾提到，斯密认为人都想要被人关注，而现在，斯密又认为人都想要被爱，这两种论断该怎样协调？除此之外，斯密此前也曾提出幸福感要求我们

第十三章 论被爱

保持内心的平静和愉悦,但现在,他又说幸福"主要来自"爱。这又该做何解释?

这是一个严肃的问题,而囿于篇幅,我在此不能做出充分的解释。不过,眼下我们只需明白,为了精读,尤其是从哲学的角度精读斯密著作,我们需要审视他是如何将各种彼此间看似不能完全吻合的主张并置于一处的。我的一个朋友曾说,自己在读《道德情操论》时感觉斯密"在前一页提出一个主张,在后一页又把它收了回去"。确实如此,不过在我看来,阅读斯密著作的一大深层次乐趣,便是耐心地观察他如何将各种飘忽不定的论述要素巧妙累积起来,最终形成统一的体系。

不过,上述乐趣还是请读者诸君亲自阅读《道德情操论》时再去体会吧。鉴于本书的主旨在于探索斯密在"怎样过好生活"的问题上有何见教,我接下来将另外提出两个要点。第一个要点关注的是斯密在提醒我们重视人对他人之注意和他人之关爱的欲求时有何用意。他之所以用这种方式表述这个问题,将自利原则的不同欲求对象相提并论,至少在一定程度上是为了提醒我们比较这些欲求对象的价值,以自行做出判断。的确,他人的注意和他人的关爱有不少相通之处:无论是被他人注意还是被他人关爱,我们都能感受到一种来自他人的好意。但归根结底,注意和关爱之间仍存在更为重要的差别。如斯密之前所言,人之所以得到他人的注意,往往是因为自己拥有他人想要的东西。一些人可能拥有财富、地位或名望,因而得到了那些既缺乏这些资源、又想将其纳入囊中之人的关注。相比之下，爱几乎与这种关注截然相悖。我们关爱他人的原因并不在所爱之人的所有之物，而在所爱之人本身。由此可见，这种关爱拥有与注意截然不同的起因，而它们被我们欲求的原因也可能彼此不同，至少在不同类型的人身上，确实存在显著差别。

对于上一段提到的最后一点，本书将在几章以后加以讲述。而在本章的最后，我希望就斯密在本章开头引文中对于爱的表述提出一个问题。如前所述，斯密认为我们都想要得到他人的爱，这种关爱也是我们获得幸福的必要条件。那么，我们该怎样得到他人的爱？我们必须做什么事或者成为什么样的人，才能被人所爱？或许更重要的问题在于，鉴于我们人类是以积极行动为天职的动物，我们到底应采取怎样的行动，才能得到他人的爱呢？

第十四章
论爱他人

"善能生善；而如果被人类同胞所爱是我们的首要诉求，将其实现的最稳健办法便是用自己的行动向他人证明，我们确实爱他们。" 64

解读：用行动爱人，才能让我们得到他人的爱。

在上一章结尾，我留下了一个问题。如果被人所爱确实是我们所欲求的，我们该做些什么，才能从他人那里得到这份爱心？在这里，斯密给出了他自己的答案。只要给他人以爱，我们就能从他人那里收获爱（他认为，这可能是人类的"一大关键诉求"）。而只有用积极的行动表达爱，我们才能真正地给他人以爱。只有爱意和爱的话语是不够的，我们必须通过"行动"（conduct）向他人证明，"我们确实爱他们"。

从表面上看，这些关于爱的讨论似乎和市场经济缺乏联系。正如之前提到的，市场经济的世界是一个充满自利竞争的世界。但在一个关键的层面上，斯密此处描述的这种爱也在那个世界里发挥着重要作用。斯密笔下的爱诚然与我们通常意义上的市场交易（除了某种特殊服务以外）缺乏关联，但他在这里表述的这种爱的交互显然也可以理解为一种交易。斯密在字里行间提到了爱与交易之间的这种联系，认为这种交互确实是一种通过最有把握的方式，从交易中"获取"最珍视之物的过程。在这里，爱就是交易的货币，斯密借此只是想表明，为了得到我们想要的爱，我们首先需要向别人施予爱。

这样一来，斯密便将我们直接带入了他在《国富论》中曾有过精辟论述的那个商业交易的世界。一些人时常引用《国富论》中的一个著名句子，以证明市场经济的残酷世界不容仁慈与温存："……我们的美餐并非源于屠夫、酿酒师或面包师的恩惠，而是来自他们对自身利益的追逐。"在一些人看来，这句话足以证明斯蒂格勒博士的观点：自利原则就是亚当·斯密思想体系的"根本基础"。但只要仔细阅读这句引文所在页面上的其他文字，我们就能看到，斯密在这里的意图并不是做出价值判断，而是单纯地描述两个人交易商品的过程。斯密认为，交易背后的核心想法是"给我以我之所求，我就会满足你之所求"。[1]而爱人之人希望得到他人之爱作为回报的过程，也与这一描述颇为相像（"爱人之人希望为他人所爱"也时常被比作博弈论中的先动者：一个希望为他人所爱的人应主动爱人，而不是许诺以自己的爱为酬劳，索取他人的爱）。

这些内容之所以值得强调，有以下几个原因。第一，斯密在这里为希望了解"怎样过好生活"的人提出了一个关键的教诲。

第十四章 论爱他人

如果我们真如斯密所言,以被人所爱为终极欲求,他就为所有寻求他人之爱的人提供了最有益、最明确的指导。也正是在这里,斯密再一次走出了对人类行为趋势的客观描述,主动向希望过上良好生活的读者提出指引。斯密的研究者时常争论他到底应被理解为一个以客观描述人类行为为己任的社会科学家,还是一个带有规范性眼光,会在不同行为间评判高下的思想者。在我看来,如果我们只采用前一种视角,把斯密看作一个更具科学性的人物,我们就无法全面理解斯密的论述。[2] 不过,我在此无法就这一点充分展开。在眼下,我们只需要记住:规范性判断在斯密的论述中有着重要地位,这一点在他对爱的讨论中体现了出来。

上述讨论将我们引入了斯密对爱的讨论值得强调的第二个原因。我认为,斯密对不同的行为有优劣之分。他也曾不止一次提出,人生的活法有高下之别。如果拒绝承认这一点,我们恐怕就无法理解他对美德与幸福的论述。不过,我们需要在这个问题上多加小心:即便斯密对人生活法之优劣自有判断,我们也不能据此认为他相信世界上存在一种放之四海而皆准的最佳生活方式。这种"至善生活"(the best life)的思想常见于古典哲学,认为所有人都应尽可能追求一种最为良善的生活,但这不是斯密的想法。如果套用当代的称呼,斯密对人生活法的态度更应是"多元主义"的。[3] 他虽然相信生活的方式有高有下,却从未提出世上存在一种最佳的活法,可以适用于所有人的人生。

我认为,斯密的这种态度令他的思想在今天显得尤为宝贵。

伟大的目标

斯密拒绝接受对于至善人生的大一统解答,认为不同的人应追求不同的理想状态。在这里,他关注的是那些以爱为"首要诉求"的人。但我们也知道,世上还有很多人以他人的注意而非关爱为最主要的诉求。一名古典时代的哲学家或许会在著作中轻易否定那些追求被他人关注的人,斥责他们为无可救药的迷途羔羊。然而斯密不同:虽然知道那些追求他人关注的人无法被轻易地转变成追求他人关爱的人,他依旧相信,我们可以向这两种人分别阐述怎样才能更好地满足自己的诉求,而哪些行为又不利于他们满足自己的诉求。正是在这里,"审慎"的美德进入了我们的视野。在《道德情操论》第六篇的一个关键章节里,斯密描述了所谓"审慎之人"的品行。一个审慎的人在很多方面的表现都与那个穷人家的儿子相反,不是一味打拼、一味争先,而是懂得以更好的方式改善自己的境遇。审慎之人所追求的目标和穷人家的儿子一样,他也想让自己的境遇"不断向好",但他选择了另一种更有耐心的渐进策略。在这里,斯密特别强调了审慎之人的"劳作之持久"与"心态之稳健",他与穷人家的儿子因此形成了鲜明对照:两人同样为增进自己的利益而努力,但后者行事过于急躁、狂热、缺乏耐心,前者则既能实现自己改善处境的愿望,又能让自己的内心"稳保平静"。[4]

这就把我们带到了本章的最后一个要点上来。斯密描述的那种想要为他人所爱的人,是被一种对爱的需求所驱使的。他们之所以爱他人,不是因为觉得这么做是对的——即使明知不会得到

第十四章 论爱他人

爱的回馈，他们仍会去爱。恰恰相反，他们之所以爱人，是因为他们希望被别人所爱。他们认为爱是一种奖励，希望通过给予爱得到他人的同等回报，但这种认识就与很多思想流派对爱的理解有所区别，其中尤为重要的便是基督教。斯密曾反复宣称基督教是爱的宗教（本书第二十七章将讨论这个问题），但在基督教的教义里，爱经常被当作自利的反义词：很多基督徒都把"普世之爱"（disinterested love）、"无私之爱"（selfless love）视为理想。诚然，这个概念无论在基督教内部还是外部都引发了很多讨论，但对本书而言，这个概念提出了这样一个问题：在迄今为止引用的斯密论述中，他所关注的爱都是一种投之以桃、报之以李的爱。那么，另一种只有给予、不求回报的爱，又能否在他的思想中找到容身之所呢？

第十五章
论繁荣

69　　"人类社会的所有成员都需要彼此的协助,也同样面临被彼此伤害的风险。如果必要的协助能得到爱、感激、友谊与敬重作为报偿,社会就将繁荣而幸福。"

解读:人都需要他人的帮助,但只有所有人都给予并得到爱,社会才能兴旺。

上一章讲到,人如果想得到他人的爱,首先必须给他人以爱,这是个人幸福的基础。可这种活动是否局限于少数人呢?如果每个人都爱彼此、也被彼此所爱,又会怎样?你或许会说,这个情境太美好了,谁会做这等空想?但亚当·斯密就做到了。在上面的这段引文中,他所描述的就是这样的一个世界:每个人都为他人提供"协助",并"得到爱……作为回报"。

如果到现在为止,那位盖科先生和他的朋友们还没有耗尽耐心,那么在斯密现在的这句话面前,他们肯定就要起身离场了。他们肯定受不了这种理想主义者的空谈,受不了这种从未存在过、今后也绝不会存在的乌托邦。他们会问,为什么要对毫不实

第十五章 论繁荣

际的东西浪费半秒时间？而眼下，尤其是对我们而言，这确实是一个严肃的问题。在本书开头，我曾试图传达一种紧迫性，提醒诸位注意"人生只有一次"这个令人不安的常识，而更糟糕的是，这段时光流逝的速度一定会比我们设想的更快。那么，问题来了：为什么我们要浪费宝贵的时间，琢磨一个幻想中的理念？不但盖科先生的同伴们会这么想，所有对如何过上最良好生活感到真切忧虑的人也会这么想。

我认为，至少有三个原因可以解释为什么我们应认真对待斯密的看法。第一个原因源自一个简单的事实：斯密想象中的世界与我们所生活的这个当今世界有着根本的差别。众所周知，我们的现实世界是高度"割裂""碎片化""分化"的，但斯密的设想与此截然相反。在接下来的一句里，斯密指出，自己设想中"（人类世界的）所有彼此不同的成员"都"被爱与关怀的温暖纽带所联结"，都"为了一个共同的目标互利互惠"。[1] 这个世界有一个"共同的目标"，可以把所有"彼此不同的成员"凝聚在一起，让他们不是单纯共存，而是密切互助。或许更值得注意的是，让这一切成为可能的是"爱与关怀"。对他人关注的争夺让人们陷入分歧，爱意与关怀的表达则让人们走到一起。如果你正在思索要如何为当今世界弥合裂隙与分歧，斯密的这些话语显然提供了不少有益的见教。

我们应认真对待斯密上述理想的第二个原因在于其对本书主旨，即"怎样过好生活"的意义。本章引文描述了一种良好社会的愿景，这本身在社会哲学或政治哲学领域就是一桩贡献。当然，本书的主旨并不是政治的，而是伦理的，它关心的是道德哲学，而非政治哲学。不过，虽然在谈论当今学术界时，人们总想将不同的学科领域彼此撇清，但在"怎样过好生活"的问题上，我们仍可以清楚地看到，这种泾渭分明的学术疆界并不天然存在。究其原因，我们毕竟不是生活在封闭的泡泡中，而是必然生活在一个复杂的矩阵里。由此不难推断，过好生活的问题很可能取决于在一个良好的矩阵里生活。鉴于这个问题牵涉到十分复杂的政治哲学思考，且已有丰富的相关著述加以讨论，本书将不再多谈。但在对良好社会的探讨——尤其是明确称这个良好社会"繁荣而幸福"（flourishing and happy）的说法——中，他试图让读者思考，这个社会能否为让人过上繁荣而幸福的生活提供帮助，甚至为那种生活充当前提。

在上述两个原因之外，我还希望加入第三个原因。如前所述，盖科先生这样的犬儒主义者懒得在理想上浪费时间。他们认为，我们的时间必须用来思考现实中可能的路径与手段，而不是空想些不可能成为现实，也不可能为我们所用的事情。在我看来，这个立场本身并不愚蠢。在现实世界中做选择的时候，无论是决定自己想要缔造怎样的社会，还是决定自己想要过上怎样的生活，我们作为人类，都只能面对有限的选项。我们因此可以断言，人在现实世界中可用的选项就是有限的；无论是现实世界本身的约束，还是我们的天性，都限制了我们的选择自由。但问题

第十五章　论繁荣

在于，即便我们的选项有限，我们仍有必要做出选择——尽管我们无法同时享受所有选项，我们终究要选择某种社会或某种生活方式。可我们该如何选择？我们该怎么知道自己应走哪条道路？

正是在这里，理想的作用体现了出来。如果设想一个理想情境，并把它铭记在心，我们就有了努力的方向。这种理想给我们以目的感，还能让我们有办法衡量自己脚下的这条道路能否让我们靠近理想中的方向。正因如此，即便对务实主义者（或许尤其是对务实主义者）而言，理想也是有用的，它可以帮助我们管理自己的选择，为不同的选项排座次。错以为理想真的能在现实中全然实现的风险固然存在，而这样的风险也有可能引发严重的错误，乃至政治混乱。但我相信，斯密本人从未犯过这种幼稚病。

对于这种空想主义者，斯密自己就提出过令人印象深刻的批评，称他们为"系统人"（man of system）。这种政治家"沉湎于自己心目中那个理想政体的概念美"，误以为自己能"像在棋盘上摆弄棋子一样轻松"摆布人们的现世生活。斯密深知，剥夺人的自由只有可能带来灾祸，他因此强硬地捍卫被"看不见的手"管制的自由世界，认为其远比被"系统人"操纵的社会优越。而在另一方面，斯密也很清楚我们不能完全没有理想。正因如此，他发表了如下主张："……政治家无疑需要一些对于政治与法律之完美形态的普遍乃至系统性的设想，以指导自己的看法。"[2] 这不只局限在政治上。正如我们接下来将看到的，除政生活以外，人在道德生活中也必须牢记一种"至善的理想"，即便我们在此同时也清楚（且必须铭记在心），自己作为人类是无法在现实中全然实现这一理想的。

总而言之，我认为本章的内容已将斯密在这段话里想要传达的意思解释清楚。在紧随本章引文之后的段落里，斯密描述了一个截然不同的、以"人与人根据共同认定的价格交易恩惠"为基础的社会图景。[3]不难发现，这一图景和他在《国富论》中描述的那个社会颇为相似：《国富论》中的社会正是建立在商品与服务的互惠交易，而非关怀与爱的纽带之上的。[4]鉴于斯密撰写了一整部巨著阐释市场社会，我们应该怎样看待他对"爱的社会"的设想呢？也许他只是想为自己关于现实中可能之社会的论述开路，事先排除一个理想情境呢？在我看来，如果这样看待斯密的设想，我们就不能准确把握他的意图。毕竟，斯密最终在书中指出，那个以互惠交易为基础、缺乏"互爱与关怀"的社会终究是相对"缺少幸福与愉悦"的。斯密认为，这样的社会绝不会繁盛，只是"维持生息"。[5]或许有人会满足于这样一种"维持生息"的生活，认为这至少比混乱失序强，但我估计这样的人如果翻开本书，应当也没有耐心读到这里。我们都关心人类生活如何繁盛，也希望自己生活兴旺，对我们这些人，斯密提出了一个不同的问题：如果想让联系现实社会的纽带更为紧密，哪怕只是紧密一点点，以使其繁荣而幸福，我们需要做什么呢？

第十六章
论可爱

"人不但天生寻求被爱,还天生寻求变得可爱。" 74

解读:我们不但想要被爱,还想成为值得被爱的人。

之前提到,我朋友曾说斯密经常把自己在之前提出的主张"收回去",这种感受在认真阅读他作品的读者当中应颇为常见:每当读者以为斯密已在一个话题上穷尽了讨论,他又会突然加上一点小小的补充,迫使读者把自己之前的理解推倒重来。本章开头的这句引文,就是其中一个典型的例子。在此之前,斯密对人性已有不少阐述,还着重解释了人类天性赋予我们的需求与欲望,从身体健康、维系生命到他人的承认、注意,再到内心的平静与欢愉,乃至幸福和爱。但就在读者以为斯密已结束了关于人性和天然欲望的讨论时,他又在这个话题上提出了一个最新的观点。现在,斯密认为,"人"不但"天生寻求"他人的爱(如我们已经知道的),还寻求"变得可爱"(to be lovely)。那么,斯密的这个新观点到底有何意涵,我们又为什么要对此加以关注呢?

在我看来,之所以要对斯密的这个观点予以关注,是因为斯

伟大的目标

密关于怎样过好生活的见解全都以其为基础。这个论断或许有些夸张，但读者可在读完本书之后再来评判。眼下我们只需要探究，斯密在这里到底想说什么。斯密在这句话中的核心观点是，对于爱，我们作为人类的天然诉求并不只是从他人那里得到爱。的确，我们希望被爱，但我们也想知道自己是不是真的配得上自己试图得到的爱，即便在现实中并未被任何人爱，也希望自己"值得"被爱。这就是斯密在宣称我们天生想要变得"可爱"时想要表达的意思。今天，"可爱"一词（如果还有人使用的话）主要被用来形容外观，但在斯密看来，这里的"可爱"指的不是外表的可爱，而是在道德上具备值得他人关爱的分量。如果做此解释，我们便不难发现，斯密的思想在这里经历了一个大转折。到目前为止，我们都在把爱描述为一种像商品一样可被获得的事物，但通过把话题从被爱转移到可爱，斯密也改变了"爱"这一事物的性质。它不再是我们通过做某些事获得的东西，而是我们因成为某种人而获得的东西。这样一来，关于爱的讨论就发生了重大转折。问题的提法不再是"我该怎么做才能得到他人的爱，并因此变幸福"，而是"我必须成为怎样的人，才能值得他人的爱与敬意"。

因此，斯密所谓的"可爱"是一种生存状态，它取决于人能否"成为一个天然且理应被爱的对象"。在此基础上，斯密还将思路延伸到与爱相邻的"敬意"问题上，认为"天性"不但"赋予"我们以"受人认可的欲望"，还赋予了我们"成为值得

第十六章 论可爱

受人认可之人的欲望"。[1]斯密的这一结论有多种重大意义,对社会与政治生活也有不可忽视的影响。

试着想象这样一个世界:所有人都想得到他人的敬意与爱,但对自己是否配得上这些感情毫无关切。在这样一个世界里,我们不会在意自己成为什么样的人,而会把所有精力用来营造一种最能让他人抱有敬意或爱的外在形象。相信在本书的大部分读者看来,这将是一个可怕的世界,但它与我们这个充斥着自拍、形象包装和"拗人设"的世界相差并不太远。无论如何,这肯定不是斯密想要追求的那种世界,这个世界里人们的行为显然也不是他所推崇的。斯密曾说,只有"人类中最肤浅无知的"才会"为得到根本不应得的尊敬"而沾沾自喜。[2]

在这里,本书首先关注的不是我们对"可爱"的天然追求如何重塑了我们的社会生活,而是我们对"可爱"的天然追求对我们过上良好生活的努力有何必然影响。在这一点上,最值得我们注意的是"获得"与"值得"的区别。当我们试图获得某物时,我们几乎总是想从某个特定的人那里得到它,这一点在对他人的注意、承认和爱(到目前为止,我们至少已探讨过爱)的诉求上自然是成立的。在这些情境下,我们的行动根据的是我们天性中渴望的那一面,是希望用交易满足自身渴望的那一面。在两章之前,我们曾介绍斯密对交易的认识——"给我以我之所求,我就会满足你之所求",上述的这个人性层面,正是这种认识的根源。然而,如果要让自己"值得"或配得上某物,我们需要唤起人性中的另一个层面。这个层面不要求我们获得什么，而是驱动着我们成为什么，尤其成为一个达到了特定境界、满足了特定水准的人。

由此可见，从"获得"到"值得"的转变到底有多么重大的意义。我们所"值得"之物与我们所"获得"之物的根本区别在于，前者即便落入我们手中，也不是他人简单给予的结果，而是他人在评判我们是否应获得此物之后给予我们的结果。倾慕者之所以给倾慕对象以关注，是认为这个对象值得自己的关注，这或许是因为对象的富贵，但最好是因为他们的才德。同样，受我们恩惠的人之所以爱我们，是因为在他们看来，我们通过施予关爱，值得他们用爱来回报。在这些例子里，真正的关键在于他人的评判。可谁的评判最能决定我们是否可爱、可敬呢？这些性质似乎不容他人评判，因此，唯一能评判我们是否可爱、可敬的就是我们自己。毕竟，只有我们能透过自己的表象，知道自己到底是怎样的人。这样一来，我们为实现幸福最为需要的那种敬意便不是来自他人的给予，而是源于我们自己的良知。

在此基础之上，对于如何过好生活，我们又面临着两个具体的问题。首先，可敬可爱的标准到底是什么，或者用斯密本人的话说：什么才是"天然且理应被爱的对象"呢？其次，我们应怎样判断自己是否已成为那样的一个对象，或者说我们该怎么评判自己是否可敬、是否可爱？这里提到的第一个问题关注的是如何定义"可敬可爱"，询问的是"可敬可爱"的意涵，第二个问题则关注评判自己是否"可敬可爱"的方法,询问的是一个人"可敬可爱"与否。如果要认真地追求良好生活,我们就必须回答这两个问题。毕竟,人生最大的幸福取决于此:"还有什么能比广受敬爱并知道自己值得他人敬爱更令人幸福呢?"[3]

第十七章
论自我照观

78 "当我试图检视自己的言行，对其加以评判，无论结果是褒是贬，我显然总会将自己分成两个人格：作为检视与裁判者的我与作为检视与裁判对象的我彼此分离。"

解说：为了弥合内在的分裂，我们首先要将自己的人格一分为二。

上一章的最后，我们面临着两个问题：什么是可敬，我们应如何定义它？对于自己是否可敬，我们又该如何评判？显然，如果"最大的幸福"确实如斯密所说，要求我们不但被他人所爱，也要"知道自己值得他人敬爱"，我们就不能对这两个问题视而不见。而在本章开头的引文中，斯密就如何回答第二个问题给出了重要提示。我们该怎样判断自己是否可敬呢？首先，我们需要把自己分成"两个人格"，其一是日常的自我，其行为与存在本身将接受另一个与其"分离"的人格，即作为"检视与裁判者"的自我的观察与评判。

79 斯密在这里的思考最终会成为他的经典思想之一，也被后人

第十七章 论自我照观

视作他道德哲学思想中一个极为重要，也极具原创性的要点，即所谓"中立旁观者"。只凭这短短一章文字，我们无法全盘论述这一概念有何意味，但我认为，本书眼下至少可以试图解释，为什么"中立旁观者"这一概念对我们这些追求良好生活的人有意义。

首先让我们讨论，为什么人需要一个中立旁观者。之前已经提到，在斯密看来，真正的幸福要求我们不但得到他人的敬意与爱，还要知道自己可敬可爱。但谁能评判我们是否可敬可爱呢？因为其他人只能看到我们的表象，且时常被其迷惑，此事不能由他们代劳。然而，至少在表面上，我们也不能自己评判自己。诚然，我们对自己的想法、感受和动机有全盘了解，而这些通常是掩藏在我们内心中的。但作为人类，我们天生不擅长对自我下判断。我们是天生自利的动物，认为自己值得敬爱也是自利的一部分，这就与准确自我判断所需的客观中立性有所矛盾。此外，斯密也知道人经常有意忽视自我当中不受喜爱的部分，关注自己更乐见的部分。他曾明确地将这种现象称作"自我欺骗的神秘帷幕"（mysterious veil of self-delusion），认为大多数人都很难坦诚地看待自己，甚至会因此感到痛苦。[1]

如果在评判自我价值时既不能借助别人，也不能信任自己，那我们该怎么办呢？斯密的答案是这样的：我们需要诉诸一种既不同于自己，也不同于他人的人格，让它作为第三者，在自我和他人之间充当媒介。这个人格能同时掌握自我和他人双方独有的视角与发现,但又不必受上述两者的偏见干扰。斯密认为,当我们如此照观自己时,我们就扮演了一个"公平而中立的旁观者",可以不带任何可能干扰判断的利益关切,公正地评判自己的人格价值。[2]在这一点上,斯密的"中立旁观者"比与其内容相似,但知名度更高的"己所不欲勿施于人"更近了一步。"己所不欲勿施于人"教导我们在现实中约束自私行为,主要提供的是行动上的指导,而"中立旁观者"在关注行为的同时,更关注人应如何做出评判(尤其是对道德品行的评判)。

在包括我在内的很多人看来,斯密的"中立旁观者"论述漂亮地解决了一个复杂的哲学问题。自利扭曲了我们对现实的认识,但我们又能靠想象制造出一个新的人格,以矫正我们在现实世界里的判断。这又是一个值得(也确实得到了)深入探讨的观点,但在这里,我将只关注其对于"怎样过好生活"的意义,并指出两个窃以为尤其值得注意的要点。

第一,对于如何想象中立旁观者的视角,斯密对我们提出了一些要求。且看他在本章的引文中是如何谈论这一点的:如果我们想评判自己的品性、举止,想要代入检视者、裁判者的中立立场,我们必须首先将自己"分成两个人格"。只要仔细想想就不难发现,将自己"一分为二"的这一步十分出人意料。过上良好生活的根本挑战,在于怎样面对分裂。正如本书之前提到的,在斯密看来,我们的本性就充满(自利与关心他人之间的)分裂,而外部世界又为我们增添了一道裂痕,让我们既寻求内心平

第十七章　论自我照观

和，又受制于现世的名利诱惑。换言之，只有解决了分裂，我们才能过上良好的生活。但现在看来，弥合自身分裂的努力首先要求我们有意识地在自我之中再撕开一道口子。那么，在某种更深层的意义上，为了克服内在分裂的阻挠，达成自我统一，我们要做的不是抵御分裂，而是接纳分裂——不过，我们要接纳的是一种特定的分裂，还要用一种特定的方式接纳它。

第二，我们需要了解代入中立旁观者视角的结果。显然，我们能从中得到对自己的很多新认识，其中一些为我们所乐见，还有一些则是我们不太喜爱的。在斯密看来，无论那些不太讨喜的层面有多让人难堪，我们对其有所了解仍是件好事，因为这样能更好地促使我们改变生活方式。我曾听说，减肥的最有效方式是在吃饭时一丝不挂，同时面对镜子。这场面没有斯密接下来的这段文字那样美妙（也是个非常糟糕的建议），但在意思上仍与其颇为吻合："如果我们以他人看待自己的视角照观自身"，并反推自己的行为，我们"势必自惭形秽"，最终"不得不改行自新"。[3]

然而，在提出公正看待自我的人必然改行自新的观点时，斯密想要表达的意思并不局限于此。我们要做的不是改变部分行为，以使其符合自己的真正利益，比如少吃甜点以露出腹肌。在斯密看来，自我照观更重要的作用在于重塑我们与他人的关系。斯密曾说："只有向这位内心的裁判征询意见，我们才有可能看清与己有关的各种事物的真正大小与轮廓，将自己的利益与他人的利益相比较。"[4] 如果他的说法没错，作为中立旁观者照观自我的行为便不只是促进了我们改善自我境遇，也从根本上改变了我们对自身与他人之关系的理解。因此，将自我分成行为者与旁观者不但能有力地促进我们内在的统一性，也能极大地帮助我们与他人心意相通。

第十八章
论尊严

"人如果怀着'他人也会审视我'的意识审视自己,他就会意识到在他人面前,自己只是芸芸众生之一,不比其他任何人有丝毫优越之处。"

解读:每个人都不比其他人更优越——也没有人比自己更优越。

中立旁观者的角色非同小可:只有"他"能让我们看清自己的真面目。尤为重要的是,中立旁观者能如上一章结尾阐述的那样,让我们"看清与己有关的各种事物的真正大小与轮廓"。但这句话的意思到底是什么?中立旁观者又为我们的自我照观提供了怎样的观点?我们终将发现,中立旁观者的观点不但十分强烈,还会让我们大多数人在第一时间(可能在回味很久之后依然)感到十分不快:我们每个人都只是"芸芸众生之一",与任何普通人相比都"(没有)丝毫优越之处"。

这个论断非同小可。在这里,斯密告诉我们,如果摆正心态,充分代入中立旁观者的立场进行自我照观,我们将找不到任何自视比他人更高一筹的理由。在这里，斯密清楚自己正在对读者提出一个很高的要求：毕竟，正如本书开头介绍的，斯密曾亲自提出人类以关注自身与自身需求为天性。他也曾告诉我们，现实世界对不同地位的人给予了不同的待遇，让精英沐浴众人认可，让不成功的人备受忽视。因此，斯密或许比其他任何人都清楚自己刚才的那句话到底意味着什么——或许也正因如此，他将自我照观的结论称为"最为沉重的一则道德教训"。[1]当然，最为沉重的教训并不总是最有价值的。那么，为什么斯密把"我们与其他人相比没有丝毫优越之处"的教训当作所有人必须加以关注的必修课？

为了帮助读者理解这一点，我想举一个我奶奶的例子。我奶奶不是学者，甚至没上过大学，我也很确定她没读过亚当·斯密，但她比任何人都更理解亚当·斯密在这里的观点。她经常对孩子们一边摇着手指一边说："没有人在你之上，你也不在别人之上！"

我奶奶这番告诫的前半段主要源自她作为移民初来乍到时的经历：在那时，她身边一定有不少人对她作威作福。在那样的环境里相信"没有人在自己之上"，就是在坚定自己内心的尊严感，这种尊严感甚至可以突破社会地位的不平等。这是我奶奶这句告诫所能提供的一个重要指导，但它也是这句告诫里比较容易接受的一半。相比之下，这句告诫的后半部分更让人难以承认："自己也不在别人之上"。这无疑与今天我们在教育子女时说

第十八章 论尊严

"你们是特殊之人"的做法相差甚远。我不认为今天的这种教育方式是错的——事实上，我也相信每一个孩子都是特殊的。不过，相信自己"特殊"与相信自己优越于他人之间仍有很大区别，而大多数孩子在得知"自己是特殊的"时，恐怕都没能领会到这一点（很多人甚至在长大成人后依旧如此）。

那么，这一切和"怎样过好生活"有何关系？首先，斯密在这里的沉重一课向我们揭示的事实乍一看令人不快，最终却有可能让我们更感轻松，这一切都是因为我们不特殊。事实上，我们非但不特殊，在大多数时候还只是芸芸众生中的一员，因此并不比其他人更特殊。这一点令人不快的原因不难想见：它要求我们谦卑。事实上，正如告诉孩子"你是特殊的"可以让他大感鼓舞，"你不特殊"也能同样地让我们的自豪感大打折扣。的确，孩子在成长过程中的特定阶段可能需要知道自己有多特殊，但斯密认为，一个成熟的、有道德的人必须听从中立旁观者用"足以撼动我们内心中一切骄傲感的语调"提出的相反教诲。这种震撼或许会让我们感到不爽，但只有这种逆耳忠言才能让我们克服"自恋天性的误导"，接纳"自我和与自我相关之事物都很渺小的事实"。[2]

在这里，斯密对我们提出的要求不但令人不快，实际也很难做到。借用斯密自己的说法，承认自身不特殊的目的在于让人学会"平息自恋倾向带来的傲慢，将其缓和至个人可以承受的水平"。[3]这之所以困难，是因为谦卑与我们的自恋本性有冲突。因此，我们不能让谦卑停留在思想或者片面遵守某种抽象规则的层面。斯密主张，真正的自制力不能只是"从模棱两可的辩证法中得出的晦涩论证"，它要求我们自愿接受某种"规则"，尤其是要求我们有意识地服从中立旁观者的看法。[4]如果之前还不甚明显，我们在这里终于可以清楚地看到，斯密的哲学并不只适用于课堂，它还把现实生活当作一个大考场，不断检验着我们每个人的言行。

从这一点出发，让我们暂时离开令人不快的沉重话题，看看这些难题能带来怎样的好处。之前我曾说"自己只是芸芸众生之一"的认识并不只带来了谦卑的压力，最终也会让我们感到轻松，这一论断在这里依然成立。究其原因，中立旁观者的谏言虽有时令我们不悦，却也让我们得以刷新对自己的认识。在成为中立旁观者进行自我照观之前，我们总会戴上自恋的有色眼镜看待世界，这种偏见会给我们带来两个后果。第一，在用自恋的偏见看待自己和这个世界时，我们往往会高估一切与自身有关的事物的分量，很多时候甚至到了夸张的程度。结果，我们经常会背上许多不必要的忧虑和心理包袱。它的第二个后果，就是让我们轻视他人和他人的利益关切。如果因自高自大而困守在自我的围城里，我们就失去了了解他人内心关切的能力，而中立旁观者正好能将我们从这座围城里拯救出来。如果承认了自身"很渺小的事实"，我们既能让自己更随心所欲，也能敞开对他人的视野，让自己意识到他们的关切所在，乃至最终看到他人为什么值得自己关心。

最后（但或许对我们当前面临的问题最为重要的是），如果承认了自身渺小的事实，我们也能更清楚地意识到自己在寻求过好生活时到底想要什么。正如斯密已经说过的，很多人都会在生活中追求财富、权力或地位，但相信并接受自身的"渺小"，意味着彻底放弃对这些名利富贵的一味追逐。我们的渺小不是用财富的丰厚或地位的崇高就能弥补的。但是，怎样的活法、怎样的崇高，才适合那些既承认了自己的渺小，又想尽可能过上良好生活的人呢？

第十九章
论平等

88　"人与人之间真正的天资差异远比我们想象的要小。"

　　解读：我们生来就是大致相同的，即便这或许有些让人难以接受。

在前一章开头的引文中，斯密告诉我们，中立旁观者的视角可以为我们提供一则必要但沉重的教训：所有人都是平等的，自己与他人没有高下之分。而在本章开头的引文中，斯密的论述更近一步：他认为，中立旁观者的逆耳忠言道出的无非是自然一直以来对我们的安排。这便是斯密试图表达的核心思想：无论人与人表现出多么大的差异，无论一些人看起来具有多么特殊的才干，这些区别"大体不是与生俱来，而是从习惯、风俗和教育中形成的"。

为阐明自己的观点，斯密举了一个"哲学家"和"寻常的街头搬运工"的例子。斯密之所以选择这两个人进行比较，是因为他们在大多数人看来应是"相差最为悬殊的两种人"。每当读到他的这一段文字，我都会想起我的父亲。我父亲对蓝领和白

第十九章 论平等

领阶层的生活都有了解，常说只要看一个人的手就能对他有很多了解。斯密在这里想要提起的正是这种视角。斯密知道，人们往往根据外表和职业对他人分门别类，判定他们的地位。但斯密在这里想要做的不是对这个现象加以评判，而是说明这种习惯性评判并不能向我们掩盖一个许多人（尤其是上位者）不愿承认的事实：包括哲学家和街头搬运工在内，所有人从降生之初到"六到八岁以前"都高度相似，以至于"双亲和玩伴都不能在两人之间发现任何显著差距"。只有在"习惯、风俗和教育"逐渐开始发挥作用之后，这两人才开始显露出彼此不同的面貌。斯密认为，如果假以时日，习惯、风俗和教育的力量足以将差距拉大到如此的程度，以至于"哲学家被虚荣心所惑"，最终"几乎无法在（自己和搬运工之间）发现任何相似之处"。[1]

斯密的这个论断颇具情绪色彩。他为什么如此在意呢？我们为什么又要在意他的这个说法呢？我认为原因有以下几点。首先，这个论断表明斯密没有忽视自我批评。斯密曾在作品中批评过某些商人，也批评过某些政治家，而从这段文字可以看出，他对自己的行当也没有姑息。恰恰相反：为了从三百六十行中选出一个自视清高的代表案例，这位曾在格拉斯哥大学执掌道德哲学教席的教授正好选择了"哲学家"。不得不说，我对他的这种做法佩服不已：这既体现了斯密本人的思想节操，也精准地刺中了我们这些学者的典型弊病。马克斯·韦伯曾说清高是学者的"职业病"，但早在他留下这句名言以前，斯密就意识到了这

伟大的目标

一点。[2]

不过,韦伯并不是哲学史上提出这一点的唯一一人。有时我也会怀疑,斯密在写下这个例子时可能想到了其他某些哲人的论述。比如,在柏拉图《理想国》的一个著名段落里,苏格拉底阐述了理想城邦的情景:在那里,人们需要被灌输所谓"高贵的谎言"(noble lie)。这种高贵的谎言由几个部分组成,但在其中一个与我们的讨论直接相关的部分里,苏格拉底认为理想城邦的公民应被告知自己的灵魂天生就是由某种金属代表的,那些生来带有黄金灵魂的人比生来带有黑铁灵魂的人更高一筹。[3]苏格拉底尖锐地将这种差别称为"谎言",但在很多哲学家(以及非哲学家)看来,这反而成了一种为自己抬高身价,证明一些人天然优越于其他人的事实。斯密明确反对这种看法,主张人类的才干与能力天生平等。

斯密对人类天生平等的认定让他与柏拉图和苏格拉底的观点拉开了距离,却让他更接近我们所处的当代世界。本章开头的这句引文是本书从《国富论》撷取的第二句也是最后一句论述。鉴于那部著作在1776年付梓,我不由得想到同年发布的另一份文件关于人类天生平等的论述。当托马斯·杰斐逊等美国《独立宣言》的起草者宣称"人人生而平等是不言自明的事实"时,他们的立场也与斯密一致:这些美国国父和斯密一样,相信人类之间存在一种天然的平等性,让我们每个人都应得到体面而有尊严的对待,并因此否定了某些人类行为的合理性。

第十九章 论平等

然而，杰斐逊的论断和斯密的论断之间存在一个细微但重要的区别。《独立宣言》认为，人人生而平等之所以不言自明，是因为所有人都享有"造物主赐予的某些不可让渡的权利"。但斯密认为，人人生而平等的主要依据是所有人生来具备大体相近的"天资"。天资当然不等于权利，而通过关注斯密对天资才能的强调，以及他对人类如何从天资大体相近的状态演变出悬殊差异的讨论，我们这些对如何过上良好生活抱有关切的人或许也会扪心自问：我们到底是怎样成为如今的自己的？那些在人生中尤为幸运的人或许还会疑惑，自己的成功到底应归功于谁：是给我们以基因的父母？是让我们得以升迁的劳动？是栽培教育我们的老师？还是说，这一切到头来只是纯粹的运气，人生就像一场抽奖，一些人只因运气不错就比别人更发达？

相信自己凭本事成功固然让人感觉良好，但强调"习惯、风俗和教育"之作用的斯密在这一点上也警示了我们，让我们反思成功者到底是不是如他们自认为的那样，能把自己的命运把握在股掌之间。有了这样的反思，幸运的人或许也会在看待自己时谦卑一点，不幸的人则会在看待自己时宽容一些。因此，这种反思或许能有力地帮助我们接受中立旁观者的劝谏，让我们心悦诚服地吸取这"最为沉重的一则道德教训"。

第二十章
论选择

92 "取得、享有人类的尊重与赏识并相信自己具备相应的资格,是雄心与竞争意识的重要追求。有两条彼此不同的道路,都能同等地带我们实现这一诱人的目标:其一是增进智慧,修养德性;其二是增加财富,出人头地。"

解读:我们需要在世所瞩目的道路和更加僻静的人生道路中做选择。

现在,是时候做些选择了。到此为止,斯密对人的本性与人天生的需求和欲望已下了不少论断。他也向我们充分揭示了现实世界,以及现实世界倾向于鼓励的事情。然而,人生如白驹过隙,我们在知道了上述教诲之后,就应该做出选择,为自己找一条人生道路。

在本章开头这段优美的文字里,斯密坦诚地提出了在他看来我们必须做的头号抉择,将我们面临的选项减少到了两个。事实上,如果有机会一阅本章开头引文所在的原书段落,读者便不难发现斯密是多么热切地希望将这两个选项呈现出来。本章引文所

第二十章　论选择

在的段落完全围绕这项二元抉择而展开，在段落最后，斯密认为我们最终面临的选项只有"两条不同的道路"、"两种不同的人格"、"两种不同的模式"和"两种不同的愿景"。[1]那么，这两个选项分别是什么？我们若想过上良好的生活，又该怎样选择？

在这里，斯密提出的第二条道路更有人气，那就是为雄心勃勃、想要从现实世界中获取丰厚报偿的人准备的"富贵"之路。不得不说，斯密对这条道路的描绘并不全然美好：他认为，这条道路指向的是一个"充满虚荣野心与浮夸欲望"的世界，遍布着外表"俗艳奢靡"的人。[2]在这里，无论是基于斯密的阐述，还是基于对现实世界的经验，我们都知道这种人到底是怎样的。这些人满心只有自我，而或许正因为自我意识强烈，他们往往能爬上高位。我们看到，这种现象在政界尤为显著：斯密曾说，那些在选举中胜出的政客往往只是"对自己的才智毫无怀疑的自负蠢货"。[3]但在这里，我的意图并不是对政客冷嘲热讽。真正需要注意的是，这种存在于政界的自大倾向在我们看来或许粗俗可恶，却常常是自大之人能取得成功的原因所在。斯密对这一点有清楚的认识："如果没有一些过度的自大心态，人便很难将俗世的伟绩或足以影响其他人情感与认识的强大权势握在手中。"他认为，正是这种"妄自尊大"（excessive self-admiration）才能"令大众倾倒，甚至迷惑那些才智远比大众优越的人"。[4]

斯密的这番话极有助于我们理解当代政治。但对于怎样过好生活的问题，他的见教又有何价值？这就把我们引向了斯密描述的另一条人生道路，即寻求"增进智慧，修养德性"，这无疑与追求大富大贵的野心家之路背道而驰。野心家之路充满虚荣与浮夸，而智慧与美德之路只有"朴素的谦逊和公正的道义"；野心家之路充满外在的俗艳奢靡，智慧与美德之路则"更加正直，更具深层次的美"。或许最重要的是，如果在人生道路上"走入每一位擦肩而过者的视线"，追求智慧与美德的人恐怕"很难吸引众多关注，只有最为专注和细心的人才能发现他们"。斯密认为，这是因为与"狂热仰慕"富贵的"绝大多数人类"相比，"真诚而坚定地崇尚智慧与美德的人"终究只是"少数"。

换言之，斯密指出的这条智慧与美德之路显然是一条比较僻静的人生道路。[5]但我们为什么要相信这条人迹罕至的道路才是最好的道路呢？对于这个问题，我们可以提供几个答案，其中一些可以追溯到本书在之前章节里提及的内容。首先，回到本书第八章，我们可以看到内心平静是幸福生活的必要前提。如果这一论断成立，那么在追求智慧与美德的僻静道路上，我们似乎更有可能实现内心的平静，而不是被富贵之路的华丽表象所左右，陷入对外表的狂热执着。其次，回到第十三章，我们可以看到爱也是幸福生活的必要前提。如果这一论断成立，我们走上追求智慧与美德的道路，就比走上自恋之路更有可能获得爱，因为爱正是美德的实践。不过，最为重要的是，借用本书第十八章的结论，那条更受人推崇的富贵之路最适合追求传统观念中的"卓越"的人，而不适用于那些在中立旁观者视角的帮助下认识到"自身

第二十章 论选择

渺小的事实"的人。这些人（或者说，"我们"）一旦意识到自己只是芸芸众生中的一员，就不会通过与他人较量人格与成就来定义"卓越"。尽管用毕生精力追逐富贵与承认的人对这种比较乐此不疲，走上智慧与美德之路的人则需要用另一种刻度计量自己的行程——关于这一点，我们将在稍后重提。

现在，让我们先假设斯密的说法是对的：如果选择"增进智慧，修养美德"的僻静之路，我们更有可能获得幸福生活所需的条件。那么，我们仍有两个问题需要面对。第一，什么是"智慧"，我们又该怎样找到它？第二，什么是"美德"，它对我们过上良好生活的愿望有什么意义？

第二十一章
论自我与他者

"品德最臻完美,最能让我们油然抱以敬爱之情的人,往往既能对自己的天性与自私的感觉有最完美的克制,又对他人内在的同情感觉有最细腻的感知。"

解读:若要具备完美的德性,我们必须培育两种美德。

大多数人在人生中选择了追求富贵之路,增进智慧、修养美德之路则相对僻静。但智慧和美德分别意味着什么呢?为开启对这一问题的讨论,斯密在这里首先描述了一个"品德最臻完美的人"是什么样的。正是在这里,他开始给出自己对美德的定义,但他的做法当然与常人不同。大多数人在定义一个名词或概念时都试图解释它们,但斯密的方法更重视例证,而非解释:为了定义美德,他用文字为我们绘制了一种特定的人的肖像。那么,一个"品德最臻完美的人"应是什么样的,他又为何如此特别呢?

首先值得注意的是,斯密在这里描述的人不是普通的好人,而是"品德最臻完美"的人。与慎谈"完美"(perfection)的当代哲学家不同，斯密在使用该词时并不犹豫。"完美"一词常见于相信人类具有最高目标的古代哲学思想，指的是一个人实现或达到了这个天然的最高目标。斯密不是彻底的结果论者，他虽然相信人是为某些目的"而生"的（见本书第三章），却不认为所有想要养成完美品德的人都必须为同一种目的而活。不过，本书在这里更需要关注的是斯密对"完美"一词的使用本身。他的做法不禁让人发问：如果不相信结果论，我们为什么还要谈论"完美"？如果不诉诸某种人类先天的目的或结果，我们又该如何衡量"完美"？这些不是我们眼下能回答的问题，但无疑十分重要，我们最好先将其暂时记下来。

与斯密言论有关且值得我们注意的另一个要点在于"美德"一词。"美德"同样是一个常见于古代哲学，而距离现代道德哲学较远的概念。现代哲学家并未抛弃"美德"或"德性"的概念，所谓"德性伦理学"（virtue ethics）的复苏便是一个决定性的例子。[1]不过，当代伦理学家口中的"美德"指的往往是一种生活技能或人格属性，而非柏拉图《美诺篇》或亚里士多德《尼各马可伦理学》等古代著述中那种涵盖一切的卓越的道德境界。在这层意义上，斯密对"美德"的认识更接近古代而非现代哲学。斯密认为，美德不只是一种技能或性格上的强项："美德是卓越，其优秀与美丽不常见于众人，远远凌驾于粗俗和平庸之上。"[2]这不是当代哲学家通常抱有的观念，而斯密对美和超凡脱俗的强调，也脱胎于古代哲学的语言。

伟大的目标

不过,上述讨论只是我们需要面对的主要问题的一点前奏。说一个具有完美品德的人崇高而卓越固然是合理的,但他到底为什么如此崇高而卓越?他的为人与举止是不是有什么具体的过人之处,而我们如果想要追求同样的卓越,是不是也能以一己之力效仿?对于这个品德完美的人,斯密给出了两个具体描述,可以回答上述问题。不过,他也将问题的焦点略微偏移了一些,把话题从作为单数抽象概念的"美德"变成了作为复数具体概念的"(多种)美德"。

在这里,斯密主要试图说明,品德完美之人的标志在于拥有所谓"两种不同的美德"。[3]在紧随本章开头引文之后的一句话里,斯密明确道出了这两种美德的意涵。斯密认为,一个"必然、天然且应然最受我们敬爱的人……在他人看来,一定既具备温和可亲的美德,也具备伟大可敬的美德"。斯密在这里试图将美德分为两种。其中一种关系到我们如何面对自我,其目的在于降低我们对自我的敏感性,以帮助我们控制自己的"自私感觉"。他称这些要求我们严格克己、毫不宽宥的美德为"可敬的美德"。另一种美德关系到我们如何对待他人。与可敬的美德限制了我们对自身的敏感性相对,第二种美德增强了我们对他人的敏感性,因鼓励"同情感觉"而"可亲"。[4]

我们不难理解斯密如何将美德分为两种,但他为什么要做如此区分呢?这与斯密对行为者和旁观者之间动态关系的认识有关,在他看来,这种动态关系定义了我们的道德生活与道德抉择。斯密认为,人总是与周围的人彼此同情,人在采取某种行动时，总会期待看到这一行动的其他人"代入"（或不代入）自己的视角，并对自己产生同情，而人对同情的欲求又来自天性。因此，这两种美德的作用在于让我们更靠近旁观者在旁观我们的行动时抱有的感情，以最大限度地让我们获得自己想要的同情。当我们践行可敬的美德，以克制内在的自私倾向时，我们就更能靠近一个中立旁观者在看到我们的言行时可能抱有的感受。当我们践行可亲的美德，以增进自己对他人的感受力时，我们也大大拉近了与他人的自我感觉的距离。因此，斯密认为："作为旁观者试图代入被关注之人的感情，以及作为被关注之人试图克制住自己的感情，以使旁观者可以接纳，这两种不同的努力，构成了两种不同的美德的基础。"[5]

不过，这些论述只解释了斯密的美德论在他更广阔的思想体系里处于何种地位。对我们这些以过上良好生活为主要考量的人来说，斯密对美德的论述又有何意义呢？为回答这一问题，我们需要看看斯密在这里要求我们做些什么。斯密对何为人类的卓越性有十分独特的看法。很多思想家认为，某一种美德比另一种美德更高尚。意志坚强的人往往推崇可敬的美德，赞赏那些宣称战胜了自己，可以凭自己的强大毅力忍受痛苦与不适，坦然承担磨难、放弃欲望的人。态度温和的人往往青睐可亲的美德，推崇温和慈悲，可以对他人之痛苦感同身受的心灵。不过，斯密对美德的观念试图将这两种态度融合起来。他相信，一个人如果想要"让我们油然抱以敬爱之情"，就需要兼具这两种差别显著的美德。

第二十二章
论完美

101　"因此,多感受他人、少感受自己,克制自私之心、释放宽仁之情,才能让人的本性臻于完美;也只有这样,人类才能实现风度与合宜所需的那种情感上的和谐。"

　　解读:个人的尽善尽美不但对自己有益,也对社会有益。

　　斯密的这些话重申了他在上一章中给出的建议,但又做了一些调整。在这里,通过描述怎样让"人的本性臻于完美",他重申了自己对"品德最臻完美之人"的定义:和之前一样,斯密在这里提到的"完美"也要求一个人尽可能减少私心,尽可能表现出仁慈。斯密提出,完美的品德要求我们"多感受他人、少感受自己",前一章所谓可亲的美德与可敬的美德,在这里再次得到强调。[1]

　　对于上述内容,我们已很清楚。但在之前的基础上,斯密在本章引文中增添了一项新的内容,即解释为什么这种完美的品德是好的。为探明这一点,我们首先需要想起之前在讨论何为

第二十二章 论完美

"好"（goodness）时采用的标准。如前所述，在"怎样过好生活"的问题上，"好"的概念带有两个组成部分：一是对己良好，二是对人良好。那么，"让人的本性臻于完美"为什么在这两个层面上都是"好"的？在前一章里我们看到，斯密所谓的"完美"之所以对我们自己好，是因为它能让我们成为他人"天然且应然"的敬爱对象。在这里，斯密再次提出，一个具有完美品德的人即便不总能收获他人的敬爱，仍最值得且应当获得他人的敬爱。而如前所述，这种值得且应当收获赞许的状态是人最想得到的状态，也是我们实现真正幸福的前提。

然而，自我完善并不只对我们自己有益，也会对他人有益。正是在这里，斯密在我们之前的讨论基础上增加了一个关键角度。斯密在此处的主旨是，如果我们能通过美德修养，多感受他人、少感受自己，从而令自己的本性臻于完美，整个社会也能朝完美境地靠近一步。斯密认为，个人对完美品德的追求可以为社会带来"情感上的和谐"；在他看来，"只有"这种追求才能增进人类之间的和睦。总而言之，斯密此言的要义在于，对完美品德的追求不但让个人受益，也有益于"人类"。

这是一个惊人的说法，需要我们略加讨论。斯密此言之所以惊人，部分是因为他如此坚定地相信个人对自身完美品德的追求和全人类对完美的追求相辅相成；这样一来，他就在很大程度上否定了零和博弈与非此即彼的思维。但在这里，让斯密之言出人意料的更重要的原因在于，他将一个处于最佳状态的社会定义为具备"情感上的和谐"的社会。这与我们这些直接承袭了他自由主义思想的当代人对良好社会的观念有很大差别。我们这些当代人往往认为，一个好的社会是具有最大限度的自由，保持了高度平等，抑或实现了高度公平正义的社会。而无论是以自由、平等还是公平正义为理想，我们往往都愿意为其而战，即便与主流共识相悖、在世间引起震动也在所不惜。但在这里，斯密提出的至善社会构想与我们当代人的惯常信念颇为不同。我们因此难免疑惑，自己到底想不想追随他的意见，增进人类社会的"和谐"（harmony），并实现以这种和谐为前提的"风度"（grace）。不过，在这个社会极化空前严重、和谐气氛跌至历史性低谷的时代，我们或许反而应该从斯密的观点中发掘出一些资源。斯密对社会和谐与风度的认识，或许能为被各种权利与承认之争所充斥的当代社会提供帮助乃至指引。

无论如何，斯密的论述为解答本书的核心问题给出了一项关键建议。我们寻求过一种既对自己好也对他人好的生活，而在对品德完美之人与臻于完美之人性的讨论中，斯密正试图为我们描绘这种良好生活的面貌。不过，一些读者的心中或许还有一个悬而未决的问题。所有这些对于完美的讨论——究竟建立在怎样的正当基础上？我们已经知道，斯密对"完美"的论述与古代哲学家有所区别。那么，他具体是怎样使用这一概念的？或许更重要的是，斯密是否真的相信人可以达到"完美"？

在《道德情操论》里，斯密曾两次阐述了"完美"的真正

第二十二章 论完美

意涵。斯密认为，完美一词根据"两种不同的标准"，可以有两种不同的含义。第一种完美是"绝对的完美"，或"全然合宜的完美"。斯密认为，这种完美是"任何人的言行都无法企及，甚至无法靠近的"。不过，还有一种完美取决于人能否"像大多数人通常所能达到的那样接近全然完美的境界"——也就是说，一个人能否在多种人类行为中达到"通常意义上的卓越"。[2] 斯密对于完美的解释有几处需要说明的地方。首先，斯密认为凡人无法企及"绝对的完美"，而因为他讨论的恰恰是人作为人的美德，所以他论述的"完美"只有可能是第二种，即人通常可以达到的完美境地。其次，虽然斯密认为我们不可能达到绝对完美的境地，我们仍应时刻将这种境地放在心中，而非只考虑第二种完美。只要看一看他如何描述那个在"过好生活"的道路上走得最远的人，我们就能明白个中因由：根据斯密的说法，那个人让人性"达到了最高度的完美境界"，代表了"所有智慧与德性的最高峰"——更重要的是，那个人代表了"最完美的智慧与最完美的品德的结合"。[3]

第二十三章
论智慧与美德

105 "兼具智慧与美德的人首先专注于（完美的）第一个标准，即全然的完美合宜。"

解读：对完美的观念，是兼具智慧与美德之人如此贤明的原因。

在这里，重头戏即将上演。到目前为止，斯密已通过多种方式告诉我们，一种良好的生活要求我们如何思考、如何行动、如何做人。但现在，他终于要通过对所谓"兼具智慧与美德的人"的描述，为我们阐述这种良好生活的实际面貌。[1]这个兼具智慧与美德的人是斯密伦理观念中最为崇高的形象，他的论述也正要求我们在自己的生活中用自己的方式对其加以效仿。不过，这个人凭什么如此特别呢？

顾名思义，一个兼具智慧与美德的人之所以值得敬仰，靠的就是"兼具智慧与美德"——这个说法本身就是一种盛赞。柏拉图、亚里士多德等古代哲学家往往将智者（以哲学家为代表）的生活和道德高尚者（以好公民、好绅士为代表）的生活区分开来。直到当代，许多思想家仍延续了这种划分，认为"沉思生活"与"积极生活"有别。²然而，斯密反对这种做法。他认为，真正的卓越之人不应从智慧或美德中二选一，而要将智慧与美德一并培养到极致。兼具智慧与美德的人应用美德指导自己的智慧，同时用智慧引导自己的美德。

不过，如果不理解智慧与美德本身，我们便无从理解这两种品性如何相辅相成。在本章里，我将重点说明兼具智慧与美德之人的"智慧"一面，而在下一章里，我将重点介绍"美德"一面，并阐述美德是如何被智慧所引导的。现在，我们要做的是定义何为智慧，这也将是本章接下来的主题。

那么，对一个兼具智慧与美德的人来说，"智慧"的内涵到底是什么呢？本章开头的引文认为，这种"智慧"源自人对我们之前已经提到的一个概念的全身心关注，那就是斯密之前提到的"绝对完美"。本书曾介绍，在斯密看来，完美可分为两种：绝对完美是人类在实践中绝不可能企及的，相对完美则包括了人类现实行为中最为卓越的部分。兼具智慧与美德的人了解第二个完美的标准，但不"首先专注"于此：他真正关注的是完美的"第一个标准"。

斯密的说法带来了几个疑问。第一，一个人该怎么知道这种绝对的抑或"全然的完美合宜"有何要求？毕竟，斯密之前曾提到，这种绝对完美的境界是人类无法在实践中企及的。那么，这个兼具智慧与美德的人如何获得这个足以为自己的人生充当轴心的高尚理想？对于这个问题，斯密的答案十分惊人，而如果再看看他和其他人对于我们如何认知"完美"概念的答案间有何区别，我们会对他的回答更感意外。让我们再次回想古代哲学。柏拉图曾有一段著名的论述，认为在一个高于俗世的世界里，"形式"（form）代表了不同种属的完美状态，我们只能通过神启或哲学上的睿智才能得见。基督教的完美观念与柏拉图的思想有所不同，但也认为人必须通过神启才能见识"完美"：神恩让我们见证一种超越现世一切事物的完美境地，一如用奇迹让盲人复明。不过，斯密笔下的这个兼具智慧与美德之人走上了另一条道路。他看到的完美并非"远在云端"（out there）的、需要特别的启示才可见到的境地，而是踏踏实实地存在于我们的现世之中。这种"踏踏实实"（down here）又有两层含义。

第一层含义，斯密不认为这种崇高的完美境地只能被少数人知晓，而是主张"每个人的心里都有这种观念"。兼具智慧与美德之人之所以特殊，不在于他掌握了完美的概念——毕竟，"每个人"都有完美的概念，而在于他为发展这一概念做出了怎样的努力。

这就把我们带向了作为一种"踏踏实实"之物存在于现世的完美概念的第二层含义。斯密笔下的完美概念不能从超凡脱俗中领悟，而要从人对现世的审慎观察与推导中得知。在这里，斯密明确强调了旁观立场与仔细观察的关键作用。他认为，兼具智慧与美德之人对于完美的观念"是从他对自身和他人的行动之观察中逐渐形成的",其发展过程离不开"缓慢、渐进、持之以恒的努力":"每天都有改进,每天都有更正。"这里最值得注意的是,完美观念形成的过程始于"基于最敏锐、最细腻之感性",且"极为细心而专注"的观察。只有通过缜密的观察和勤奋的探究,而非宗教启示或哲学灵感,一个兼具智慧与美德的人才能对完美"形成一种大体正确的认识",并比其他人"更深地为这种境地的神圣之美而倾倒"。[3]

综上所述,兼具智慧与美德之人所关注的这种完美概念是自下而上形成的,而非自上而下赐予的。不过,这只能解释智者如何认知完美的概念,不能解释这一概念对兼具智慧与美德之人(或想要成为这种人的人)的生活方式有何意义。斯密认为,这种对于完美概念的睿智认识确实对这些人的生活有重要意义,因为它足以为人生带来永久的改变。在他看来,这种智慧非但不会让其所有者有理由对美德敬而远之,最终回到空想或哲学的世界里寂然隐居,反而更能帮助乃至促使他们过一种积极实践美德的生活。智慧之所以能起到这样的作用,是因为它从根本上改变了智者与他人以及与自我的关系。

第二十四章
论谦虚与仁慈

"简言之,此人的整个心灵都被真挚的谦虚所充满,他的所有言行也都洋溢着真诚的谦虚品质,这让他非常谦逊地看待自己的优点,却也对他人的长处有充分认识。"

解读:兼具智慧与美德之人的美德在于谦虚与仁慈。

我们已经知道,兼具智慧与美德的人是智慧的,其根源在于他们对完美的认识。不过,他们为何具备美德,而这些美德又与智慧有何关系呢?在阐述"兼具智慧与美德之人"的面貌时,斯密解答了这些问题。他向我们阐明,他描述的这种智慧不但决定性地塑造了一个人的德性,还通过两种方式实现了这一点——其一是重塑人与自身的关系,其二是重塑人与他人的关系。

让我们先看第一种方式,即兼具智慧与美德之人与自我的关系。如前所述,在智慧的引导下,兼具智慧与美德之人得以从自己对日常生活的观察与省思中生成对于绝对完美的观念。这本身就是个了不起的成就,但智者必须基于这种观念采取正确的行动,才能兼具美德。换言之,一个兼具智慧与美德的人知道,自己不能因产生了一种对完美的认识而止步。当然，如果他真的就此止步，也没什么可责怪的。如果他想要的只是在这个美好的意象中独居，这在大部分人看来仍没有辜负之前的努力；毕竟，他之所以能看到这极少数人才能清楚领略的完美境地，也是因为付出了惊人的努力。我们不难设想，对一个已经领略了完美境地的人来说，现实世界又是怎样的面目：与完美的境地相比，世间的一切肯定丑恶不堪，正如柏拉图"洞穴譬喻"里那个走出洞穴的人一样。[1]试设想，如果你是这样的一个人，你会选择待在这个尽善尽美的世界里，还是被迫回归充满不完美与丑恶的现实？

然而，这正是兼具智慧与美德之人做的：他没有留在原地，只与自己眼中的绝对完美为伴，而是带着智慧赋予自己的这种完美观念回到现实世界，以其为准绳，对现实世界的事物加以评判。更重要的是，在整个现实世界中，受这种标准检验最多的便是兼具智慧与美德之人自己。他将致力于成为自我的中立旁观者，并热切地试图以绝对完美为标准来衡量自身。

这一过程注定是痛苦的，甚至比当初用观察积累生成完美观念的艰辛过程更为痛苦。斯密认为，如果以绝对完美为标准来衡量自己，"即便我们当中最睿智、最杰出的人也能在自己的品行举止中发现无数漏洞与缺陷；他们从中找不出任何自满自傲的资本，只能看到深重的羞耻、悔恨与愧疚"。然而，一个兼具智慧与美德的人不会在如此难关前退缩。他知道自己的长处所在，而如果他满足于和他人相比较，他就有理由自豪。但只要对真正的

伟大的目标

完美境地稍有了解,与他人的比较便不再有意义了。斯密认为,从那一刻起,与他人的比较将不会激起多少愉悦与自豪感,这样的智者因此"必然从那唯一有意义的比较中,感到比与任何人相较时取得的骄傲感都更为强烈的谦卑"。[2]

由此可见,兼具智慧与美德之人的智慧一面带来的结果之一,在于教导此人学会"真挚的谦虚"与"谦卑"。在领略了完美境地之后,他将永远"怀揣忧虑与谦卑之心,牢记"自己曾多频繁地"辜负了那一理想的要求"。智慧因此驱散了虚荣心,限制了自大心,为美德铺平了道路。从这一点来看,兼具智慧与美德之人的智慧一面为中立旁观和可敬美德提供了辅助与补充。不过,这种智慧也在另一方面塑造了所有者与他人的关系。

对智者与他人之关系的影响是智慧辅助美德的第二种方式。在这一点上,斯密的论述试图向我们阐明一个兼具智慧与美德之人的完美观是如何在引导他反思自身之不完美的同时,看待他人之不完美的。斯密认为,兼具智慧与美德之人"绝不会对他人幸灾乐祸,即便他人的境界的确远低于他":

......(他)对自身之不完美有清醒认识,深知自己即便为稍微接近公平公正之道也付出了无数辛劳,因而不能对其他人比自己还要严重的缺陷抱有轻视。他绝不会嘲笑他人的低劣,而是对其报以最深切的同情,无时无刻不想以自己之言为劝谏,以自己之行为表率,促进他人的进步。[3]

· 114 ·

第二十四章 论谦虚与仁慈

因此,一个兼具智慧与美德的人不会用轻视他人作为人类的最基本关切来抬高自己的地位。他诚然对自己的处境不甚关切,也不太在意自己怎样在财富、地位或权力上超过他人。改善他人的处境——不懈地致力于"促进他人的进步"——才是一个兼具智慧与美德之人的毕生所愿。

因此,让兼具智慧与美德之人如此特殊且罕见的根本原因在于,他有意识地将现实生活中其他人的利益和整个社会的利益抬高到自己的利益之上。斯密对这一点有明确表述:"兼具智慧与美德之人……无时不愿牺牲自己的个人利益,以增进自己所在之社会或群体的公共利益。"[4]通过这种牺牲,他证明了内心里那个中立旁观者给出的教诲对自己有怎样的分量:正是这个"旁观者"让他认识到自己只是"芸芸众生之一"且"并不比其中任何一人更重要",但又"时刻有义务为大多数人的安危、福祉乃至尊严而献身"。[5]

我们由此便不难发现,为什么斯密认为这样的生活对他人也是好的。毋庸赘言,通过为他人服务、矢志不渝地为他人的福祉操劳,兼具智慧与美德之人过上了一种对身边人有益的生活。不过,斯密的这番论述似乎也让人更难看出,这种兼具智慧与美德的生活能给兼具智慧与美德之人自己带来什么好处。毕竟,斯密明确要求这样的人为他人"献身"——他要捐弃在完美境地里省思的愉悦,走上积极奉献的人生道路,放弃追求自己的利益,以增进他人的利益。那么,即便我们知道兼具智慧与美德之人可以为他人带来好处,这样的生活对他本人又有何价值可言呢?

第二十五章
论赞美与可敬

113 "智者若知道自己不值得被称赞,他人的称赞不会让他感到愉悦,但若知道自己的所为值得被称赞,他即便得不到任何赞许,也会为此收获最高度的喜悦。"

解读:自我认可的欢愉是兼具智慧与美德之人的报偿。

目前为止,我们讨论的主要目的在于找出一种既有益于自己,又有益于他人的良好生活。对此,斯密认为,兼具智慧与美德之人的生活才是最好的生活。这种生活如何有益于他人是毋庸赘言的:兼具智慧与美德之人为改善他人的境况奉献终身。然而,实际过上这种生活的人自己又能从中得到什么好处呢?一种要求"牺牲……个人利益"的生活如何给人带来裨益?在这里,斯密给出了答案:如果得知自己值得赞美,我们不但会感到愉快,还会感到"最高度"的喜悦。

这正是斯密提出的一组悖论:通过牺牲自己的利益,我们最终收获了一种更深层的利益。或者换一种说法就是:只有牺牲日常熟悉的那种欢愉,付出艰辛的努力,我们有朝一日才能体会极

第二十五章 论赞美与可敬

致的愉悦。在这里，我们牺牲的日常欢愉与利益指的是他人的关注、承认与赞许。根据斯密之前的论述，这些曾是无数人生活中的重要驱动力。但在斯密看来，这些好处在一个真正的智者看来不值一提："汲汲于他人的赞许，即便在本人有值得赞许之行为时，也不是睿智的体现，而是一种缺点。"[1]因此，一个人如果真的致力于兼具智慧与美德，便不会以他人的敬重或对外在犒赏与承认的欲求为驱动力。对于这一点，斯密有明确阐述。在本章开头的引文中，他主张兼具智慧与美德的人即便知道自己"得不到任何赞许"，也不会动摇行动的决心。事实上，"最为卓越的智慧与美德的标志性特点"，就在于不让自己的仁慈之心"因受恩之人的恶意或缺乏感激而减损半分"。[2]

本书第十四章最后曾提出一个问题：对于无望得到回报的爱，斯密有怎样的看法。在这里，我们看到了斯密对此的观点：兼具智慧与美德的人在行动时不期望回报与爱，也知道自己不会因自己的努力而得到他人的爱。但为什么要这样？一个人要怎样才能坚持这样一条人生道路，即总是为他人造福，从不为自己谋利，还知道自己的努力不会得到任何人的承认？斯密认为，这样的人之所以如此行事，是因为他们更在乎自己对自己的认可，而非他人对自己的认可。在他看来，在兼具智慧与美德之人心中，"自我认可……如果不是唯一的追求，也是首要的追求"，因为"对自我认可的爱就是对美德的爱"。[3]如果仔细想一想，我们便不难发现这番话是有道理的。一个人如果毕生致力于理解何为

伟大的目标

"完美",在被其他没有为这个问题多加思索的人赞美时便不会感到有多愉快,即便被这些人直接批评,也不会感到有多困扰。因此,斯密认为,如果自我认可能让我们"安定地相信,无论遭到怎样的误解,自己都理应且天然地应得到赞美",那"我们就大可以对他人的喝彩冷淡一点,并或多或少地对世间的非议泰然处之"。[4]

很多人或许觉得,兼具智慧与美德之人的生活过于可惜——他牺牲了自己的利益,捐弃了自身的喜乐。然而,他们之所以有如此看法,是因为他们只懂得从表面去评判一个人。在斯密看来,如果进入兼具智慧与美德之人的内心,我们就能发现,他们的生活不但为他们提供了快乐和相信自己值得他人赞美的自觉,还让他们得以享受我们所有人都梦寐以求的内心平和与无忧无虑。他认为:"全然自得的人心中没有不幸与悲惨的容身之地。"[5]换言之,兼具智慧与美德的生活之所以有其价值,是因为它能满足最高尚之人心中最深层的诉求。的确,这样的一种生活无异于把人的潜能推到极致:

> 一个人如果只以正确与合宜为行动的标尺,即便永远得不到他人的敬重与认可,仍深知这些行为理应得到这些敬意,他的宗旨便达到了人性所能企及的最为崇高、最为神圣的境地。[6]

第二十六章
论苏格拉底

"哲学家最深邃的省思，也无法弥补对积极行动之义务的半点疏忽。"

解读：光凭智慧不足以成为兼具智慧与美德的人。

在本书前一章的结尾，斯密曾提到"人性所能企及的最为崇高、最为神圣的境地"，这真是个惊人的说法。今天的我们即便谈论人性中最好的层面，往往也不会使用"崇高""神圣"两词。我们的语言里存在好人、好事，但"崇高""神圣"代表的是对良善的另一种截然不同的思考方式，其所指向的是境界超越了常见于现世的良善品质。

在今天我们对于"哲学"的认识范畴里，已没有多少人使用这种超越现世的词。当代哲学家往往对谈论超凡脱俗有所忌避，认为这种说法只属于宗教领域，或来自一些前近代的、非西方的哲学传统。然而，值得注意的是，斯密在描述自己伦理思想中最极致的人物——"兼具智慧与美德之人"时，并没有对这种超越现世的话语感到忌讳。他的态度因此引发了一些问题。例如,斯密笔下"兼具智慧与美德之人"和其他思想中超越了凡人卓越性之边界的极致人物到底有何区别。

在这个问题上,我们可以很快联想到两个"极致人物"的案例。斯密的朋友本杰明·富兰克林曾对如何在"追求道德至善这一英勇而不辞辛劳的事业中"取得成功有过一番著名论述,为此列出了所谓的十三项基本美德,对于其中最后一项"谦逊",他给出的描述是:"效仿耶稣与苏格拉底"。[1] 富兰克林的这番训诫有很多可探讨的地方,但本书在这里只关注一个问题:和西方经典思想源流中超凡脱俗之人的两大代表——耶稣与苏格拉底相比,斯密笔下的人性卓越之楷模,即"兼具智慧与美德之人"到底有什么不同?

让我们先从苏格拉底开始。以苏格拉底为思索怎样过上最良好生活的标杆与模范,是一个由来已久的思想传统。[2] 在《道德情操论》里,苏格拉底也扮演了显著的(至少是经常登场的)角色。大多数时候,斯密认为苏格拉底代表了一种堪同兼具智慧与美德之人媲美的卓越境界。在他看来,这种卓越在苏格拉底的死亡观中体现得最为鲜明。

死亡是《道德情操论》中的重要话题之一——鉴于"怎样过好生活"至少构成了这本书的写作意图之一,这一安排颇为合理。在《道德情操论》的开篇,斯密就强调了死亡对人生的强大影响。早在第4页,斯密便写道:"……我们认为,失去太阳的照耀,无法继续生存、无法与他人交谈,在冰冷的墓穴里默默忍受腐蚀与

第二十六章　论苏格拉底

土中爬虫的啃啮,这样的处境是悲惨的。"在后一页,他认为这种"对死的恐惧"是人类"幸福的最大毒害",是它"让我们在健在时饱受折磨"。[3] 之后,斯密又一次回到死亡的问题上来,称其为"恐惧之王"(king of terrors),认为"人如果征服了对死的恐惧,就几乎不会在其他自然的恶意侵袭时失魂落魄"。[4]

苏格拉底长期以来被视作背负死亡宿命的凡人克服对死亡之恐惧的最佳典范,对于这一点,斯密自己也心知肚明。在《道德情操论》里,斯密反复引述了苏格拉底被雅典判处死刑,在服毒前仍安之若素的典故。他曾奉苏格拉底为"大无畏的宽宏精神"的楷模,并为读者讲述了"在苏格拉底将毒药饮尽时,朋友们都为他流泪,只有他自己表现出最为愉悦的平静"的故事。[5] 在另一个地方,他又提醒读者关注苏格拉底"惊人的辉煌事迹",认为如果苏格拉底的敌人允许他"默默地寿终正寝",这位哲人恐怕不会享受被后世尊崇的"荣光"。[6] 除此之外,斯密还曾在著作中把苏格拉底称为勇气的典范,将他和其他世所罕见的伟人并列,认为他们"坦然接受了同胞们对他们的不公正的死刑裁决"。[7]

在这些例子里,苏格拉底的事迹都表明他符合了斯密对"兼具智慧与美德之人"的描述。和那个兼具智慧与美德的人一样,苏格拉底具备"自制"这一可敬的美德,以克服人性中最强大、最难驾驭的一种自我指向的本能,即对死亡的恐惧。不过,苏格拉底的自制力为何如此强大呢?苏格拉底的推崇者们一向认为，他在死亡面前的大无畏与他对哲学思考的执着不可分割：蒙田就曾有一句著名的论断，说像苏格拉底那样展开哲学思考，无异于学习怎样从容地死亡。但在这里，斯密的立场与苏格拉底的推崇者们有所区别。虽然苏格拉底的自制力令人敬佩，他的哲学思想仍有一些令斯密不敢苟同的地方。如果用最简化的方式来说，在斯密看来，苏格拉底的哲学或许让他克服了对死亡的恐惧，却不能让他克服其他自我指向的顾虑，尤其是（本书到目前为止已给予重点关注的）对他人之关注的欲望。从这一思路出发，斯密最终将苏格拉底和亚历山大大帝、尤里乌斯·恺撒相提并论，认为他们都代表了"过度的自大"。斯密因此批评道，"在诸多门生弟子的崇敬和大众的广泛喝彩面前"，就连苏格拉底那名副其实的"伟大智慧……也不能阻止他幻想有个虚幻的神明常在暗中给他以指示"。[8]

基于柏拉图和其他古代作者留下的文献，我无法断言斯密对苏格拉底的评判是否全然公正。斯密准确地注意到，在柏拉图的著作里，苏格拉底时常对自己的"精灵"（daemon）——这个希腊多神教概念相当于今天的"守护天使"（guardian angel）——说话。[9]不过，柏拉图描述的苏格拉底既不像是一个因拥趸追随而自傲的人，也不是什么失去理智的狂热分子。所以，如果我们想要全盘了解苏格拉底的真面目，斯密恐怕不是最好的参考。但即便如此，斯密对苏格拉底的批评仍为"怎样过好生活"这一问题提供了极为重要的指引。

第二十六章 论苏格拉底

斯密在《道德情操论》中对苏格拉底提出的批评十分具体。借用之前提到的范畴，斯密认为苏格拉底僭越了人格"神圣"的边界，自以为能与神祇往来。换言之，斯密认为，苏格拉底从哲学思考中得出的智慧让他以为自己达到了神的境地，凌驾于其他所有人之上。这无疑与斯密思想中"兼具智慧与美德之人"必须时刻牢记的原则完全相悖，即一个兼具智慧与美德的人必须意识到自己只是芸芸众生之一，并不比其他任何人更优越。不过，在斯密看来，苏格拉底的这些表现也在另一个方面同兼具智慧与美德之人的生活和行动之道有所抵触。如前所述，兼具智慧与美德的人应用智慧引导美德，而不是让自己独立或豁免于美德的要求。诚然，苏格拉底具备"最深邃的省思"，但在斯密看来，与这一点同样真切的是"自然并未将这种深邃省思当作我们生活中最重要的志业所向"。[10]恰恰相反（正如我们在本书第三章中已经看到的），斯密认为人的天性要求我们积极行动。因此，无论多么睿智，哲学家如果因"深邃的省思"而裹足不前，不去承担天性赋予我们的"积极行动之义务"，就不能算作兼具智慧与美德的人。

第二十七章
论耶稣

121 "我们之所以相信死后的世界,并不只是因为懦弱以及人天生的希望与恐惧,还有死后世界中蕴藏的最为高贵、最为美好的原则,对美德的爱,和对罪孽与不义的憎恶。"

解读:对美德的爱让人走近而非远离宗教信仰。

如前所述,一个兼具智慧与美德的人在很大程度上与苏格拉底相仿,但又不与他完全相同。虽然兼具智慧与美德的人和苏格拉底一样具有强大的自制力,他出于对美德的坚持,不会追求哲学家的省思生活。那么,这个兼具智慧与美德的人同本杰明·富兰克林列举的另一个楷模——耶稣之间,又有何异同?

与在《道德情操论》中出现过不止一次的苏格拉底不同,耶稣在《道德情操论》中完全没有被提及。即便如此,根据我的计算,以耶稣的名义创立的基督教仍在《道德情操论》中出现了三次。[1]有趣的是,在这三处表述中,斯密的焦点总是关注基督教对于爱的认识。此事实与斯密本身对"爱"这一主题的关注(我们此前已在多处地方领略了这一点)足以让我们发出疑

第二十七章 论耶稣

问：在良好的生活中，宗教占据着怎样的位置？

在这个问题上，斯密的答案或许会让一些人惊讶。众所周知，斯密是启蒙运动的思想先锋，而启蒙运动长期给人以反宗教的印象。不过，这种对启蒙运动的传统看法在近年已有反思，近来的许多学术研究都开始强调宗教与启蒙思想间的关系，推翻了宗教教条与启蒙哲学水火不容的旧有观念。[2]我之所以在这里提到这一点，是因为今天的学者们也开始重新审视斯密对宗教的认识。多年以来，学界认为斯密在宗教问题上追随了友人大卫·休谟的意见，而休谟无论在当时还是现在，都以质疑正统宗教思想闻名。休谟曾宣称宗教信仰源自人性中最怯懦而自私的部分，尤其是源自人心中的希望与恐惧。[3]不过，本章开头的引文无疑表明，斯密在宗教问题上的态度与休谟截然不同；事实上，这句话几乎无异于对休谟宗教观的驳斥。休谟认为，信仰来自人性中最卑劣的部分，但在斯密看来，人信仰宗教的原因恰恰相反，是被人性中"最高贵、最美好的原则"，乃至被"对美德的爱"所驱动的。

斯密在这里提出了不止一个，而是多个有些跳跃的观点，需要我们花些时间解读。首先，斯密在这里对人性与宗教的关系提出了看法。用最简单的方式来说，斯密认为宗教源自人的天性——它不是一种自上而下强加于人的外在建构，而是一种从我们的天性中生发，并且与我们的天性相符合的内在信念。在本章开头引文所在章节的结尾，斯密提出了所谓"宗教的自然原则"。⁴我一直对他的这个提法深感兴趣，但在这里，我只想说明，斯密认为一些宗教信仰的原则合乎我们的天性，其中最重要的是"对死后世界的谦卑期盼"——他认为，"这种期盼深植于人性之中"，"唯有它能支撑人性坚守自身尊严的崇高理念"。⁵

其次，斯密认为，上述的"宗教的自然原则"源自人性中"最高贵、最美好"的部分。从休谟的时代直到今天，宗教的批评者常宣称宗教信徒只是因怯懦、恐惧或焦虑不安才信仰宗教的。但斯密认为，很多人并不是出于这些原因信仰宗教的：对他们而言，信仰宗教的意义不在于用宗教驱散恐惧或不安，而是因为"对无辜者之苦难的悲悯"。用本书使用的词来形容，他们之所以信仰宗教，不是出于自利，而是出于对他人的关切。在这当中，尤其是对那些因恶行与不公义而受害的无辜之人的关切，让我们"天然地诉诸上苍"，希望上帝最终能主持公道。⁶

这就将我们带到了斯密宗教论的第三个要点上。在本章中，我一直在用"宗教""宗教信仰"等词，但在这里，我们的措辞应尽可能精确。斯密在这里谈论的现象并不是严格意义上的"宗教"，他很少探讨具体的神学理论，也不曾对宗教仪式与实践有多少论述。在斯密看来，"宗教"名下真正值得注意的信仰是对全能的天神在死后世界惩恶扬善的信仰。对真正的宗教信徒来说，这当然只是他们信仰意识的一个方面，但在斯密看来，这种信念不但在所有宗教信仰中最为重要，甚至可能是其中唯一重要的信念——由此可见，斯密在此提出的宗教论在很大程度上是

第二十七章 论耶稣

从伦理的角度出发的。

总而言之,斯密认为人因对美德的爱而信仰宗教的观点表明,他相信宗教在富有美德的生活中占据着一席之地。这让他和其他认为宗教与富有美德的生活间存在冲突的思想拉开了距离。在我的主业——政治哲学领域,这种冲突常被比作"雅典对耶路撒冷"之争。在这里,雅典和耶路撒冷代表了两种对于良善以及良善如何被人所认知的观念:前者认为良善源自哲学思考,后者认为良善源自信仰与神启。[7]在这里展开这场辩论非我当前所愿,但我认为,如果对这场论争略加介绍,我们就能更好地明白斯密到底在何种程度上主张以"兼具智慧与美德之人"为雅典和耶路撒冷之外的第三种选择。

第二十八章
论休谟

125 "总体而言,无论是在生前还是故后,我始终认为他是在人性诸多缺陷的局限之内,最接近'兼具智慧与美德'之完美境地的人。"

解读:我们可能有缺陷与弱点,但我们可以追求崇高的目标。在这一点上,休谟为我们以身作则。

如前所述,兼具智慧与美德的人以完美为自己的目标,而完美又必然只存在于抽象领域,因为现实中的人类缺陷太多,无法真的企及这一境地。不过,这并不意味着我们不能拉近与完美之间的距离。事实上,斯密认为,一些现实中的人事实上"几乎达到了"完美的境界,其中最为显著的例子便是他的朋友大卫·休谟。

大卫·休谟于1776年8月去世,此时《国富论》刊行不过数月,《独立宣言》则将在几周之后签署。因为很多人都希望看看这个不相信死后世界的自称无神论者的人怎样面对死亡,休谟去世一时成为公共事件,斯密也对此事颇为关切,撰文纪念了这位亡友。他写信给自己与休谟共同的朋友、出版商威廉·斯特拉罕（William Strahan），回顾了休谟在临终之际的所思所想。本章开头的引文，就是这封信的最后一句话。

后来，斯密因这封信蒙受了不少委屈。为一个广为人知的"异端"分子撰文辩护，必将令自己暴露在正统信仰卫道士的怒火之下，而斯密也确实因此受到了猛烈攻击。后来，斯密曾如此回忆这封信："这在我看来只是一页安全无害的文稿，因听闻吾友休谟先生的噩耗而写就，可我因此受到的谤议之猛烈，十倍于我对整个大不列颠商业经济体系的抨击。"[1]不过，斯密对于公共舆论在宗教议题上的态度绝非浑然无知，我们甚至可以怀疑，他在写下这封信时早就知道自己会卷入怎样的风波。那么，他为什么还要这么做呢？其中一个可能的答案是，他想要向我们传达一些关于智慧和美德的教导。事实上，我们的确能从这里学到一些关于智慧与美德既浅又深的道理。

首先，无论当时还是今天的读者都能注意到（而且在谈论这封信时也总会提到），本章开头引用的那句话本身有意呼应了柏拉图在《斐多篇》中对苏格拉底临终言行的回忆。[2]在第二十六章我们已经看到，斯密显然对苏格拉底的死亡观高度关注，他对《斐多篇》抱有兴趣因此是不难理解的。斯密通过引用柏拉图对苏格拉底与苏格拉底之死亡观的赞美来评价休谟和休谟的死亡观，无疑表明在他眼中，这位已故的朋友就是当代的苏格拉底。

伟大的目标

不过，斯密的意图并不只在于此。对斯密而言，休谟不只是一个苏格拉底式的哲学家。正如他在这封信结尾所说的，休谟不只是一个哲学家，还是一个"兼具智慧与美德的人"，而这正是我们研究这段话的关键。斯密用休谟取代苏格拉底，是为了用"兼具智慧与美德之人"的卓越人格取代哲学家的卓越人格。兼具智慧与美德的人超越并兼容了哲学家的卓越性，又在此基础上具有一种独特的卓越。在这封信的正文里，斯密便清楚地解释了休谟是怎样达到这种境地的。

在给斯特拉罕的信中，斯密认为休谟成功地结合了可敬的美德与可亲的美德，因此堪称兼具智慧与美德之人。他对休谟的描述特别着重于这位朋友的可敬美德。斯密回忆，休谟"以最为轻松、愉快而平和的态度"坦然接受了死亡。在他看来，这种平和源自休谟的"宽宏与意志力"，尽管休谟本人在生前"从未将这种宽宏公开表达出来"。[3] 接着，斯密进一步引用了休谟的医生约瑟夫·布莱克（Joseph Black）对这位患者临终之际的描述，以强调这种宽大的克己之心发挥了怎样的作用：休谟在临终时"毫无不安"，在"一种极乐的精神状态下"安然离世。[4] 在这里，斯密特别强调了休谟临终前的"愉快"——在这封短短的信里，为了形容他的这位友人，"愉快"一词共出现了七次。

在上述文字里，斯密提出了本书迄今为止已有关注的一些重要主题，比如克己自制的高贵品质、内心平和与幸福之间的关系，以及相信自己值得赞美的自觉相对于受人赞美的优越性。但

第二十八章 论休谟

在斯密看来,休谟真正的伟大之处(以及他堪称兼具智慧与美德之人的真正原因)不在于此。斯密认为,休谟之所以如此值得尊敬,是因为他能将这些可敬的美德与一些可亲的美德结合起来。他对休谟给出了以下著名评论:"……即便在最为困厄之际,(休谟)迫于现实,不得不过上高尚的节俭生活,他仍会适时地慷慨行善,不为贫乏所动。"斯密还写道:"他那极度温和的天性既没有消磨他那坚忍的意志,也没有减损他那坚定的决心。"这里的要点在于,休谟成功地将"可敬的品质与可亲的品质"结合起来,让他的心性"达到幸福的平衡"。[5]

基于上述介绍,我们不难看出斯密为什么要冒天下之大不韪,公开纪念休谟这位在宗教问题上饱受非议的友人。在斯密笔下,休谟不但是哲学家的卓越楷模,也体现了兼具智慧与美德之人的杰出品质,他将克己、宽宏的可敬美德与慷慨、仁慈的可亲美德集于一身,走过了既对自己有益,也对他人有益的人生道路。然而,还有一个问题没有解决:无论倾注了多少赞誉,斯密在信中纪念的休谟(至少在一些人看来)仍背负着无神论者的名声。这能否折射出斯密本人的信仰观呢?

很多人把斯密的这封信视作他对休谟及其信仰观,尤其是宗教怀疑论的称赞。对于斯密与休谟之友情最为详尽的一部研究著作也确实认为,斯密对休谟的赞美"似乎就是对正统顽固派的有意挑战"。[6]不过,我们或许还可以从另一个角度解读这封信。斯密显然称赞了休谟的人格品质,但称赞一个人的人格品质不等

伟大的目标

于拥护他的观点,这一区别往往是今人难以捕捉的。在我们的时代,观点经常被当成价值观的化身,怀有与他人不同的观点(尤其是在政治上)就很容易被当成价值观有问题的证据。在我们认为至关重要的话题上,我们排斥那些观点与自己不同的人,在社交媒体上取关、拉黑他们,在现实中也拒绝与他们会面。但作为启蒙时代的人,对互相尊重、彼此容忍抱有深切信念的斯密,对观点分歧采取了更为宽容的态度。我认为,斯密和休谟对于宗教的态度在根本上是不同的。[7]然而,斯密仍能将休谟对宗教的看法和休谟本人的美好品德区分对待,从而在赞赏这位朋友品格高尚的同时,对他的一些观点持保留看法。换言之,斯密做到了一件在很多当代人看来是难以做到的事:即便存在足以让气性狭小的人彼此绝交的意见分歧,他仍能发现并珍视自己与友人之间的相通之处。因此,斯密的信让我们得以看到一种在今天越来越罕见的赞赏与尊重,也表明在通往兼具智慧与美德的道路上,信的作者和他笔下的那位人格楷模同样值得我们学习。

第二十九章
论上帝

"自然中的任何一个角落只要详加审视,都能同等地显示出造物主神妙的匠心,即便在凡人的缺陷与愚昧中,我们仍能发现上帝的智慧与仁德有多么可敬。"

解读:在人的智慧与美德之外,存在着上帝的智慧与仁德。

通过探究"过一种良好生活"所需面临的种种挑战,我们了解了"兼具智慧与美德之人"如何生活。但斯密认为,在人的智慧与美德之外,还存在着所谓的"上帝的智慧与仁德"。而如果与上帝的智慧和仁德相比较,人的智慧与美德反而不如"凡人的缺陷与愚昧"。[1] 通过将人与上帝相比,斯密向我们展示了人与绝对完美之间有多悬殊的差距。

不过,斯密的说法也带来了一个疑问:在兼具智慧与美德之人和全知而良善的上帝之间,应存在怎样的一种关系?斯密曾不止一次提到,人的天职之一,就是养成一种对人-神关系的正确认识。这堪称兼具智慧与美德之人所要面临的最困难的挑战之

伟大的目标

一。因此，如果不对这个问题稍加思考，我们对斯密生活哲学的探究就无法完成。

首先上帝是什么样的，他在我们的生活中扮演了怎样的角色？最有资格回答这个问题的当然是神学家，而斯密并不是神学家。即便想要准确地描述人对神的认识，我们也需要一名认识论学家，而斯密也不是认识论学家。不过，斯密对于所谓的"道德心理学"（moral psychology），即研究人类观念认知和道德感情及行为间相互关系的学科有深入思考，他因此从这个角度出发，探讨了"上帝"这一概念。他认为："……一个以永恒的仁慈与智慧创造并驱动了宇宙的庞大机制，无时无刻不在产生着最大限度之幸福的神明，当然是迄今为止一切人类沉思的对象中最为崇高的存在。"[2]正如之前曾多次提到的，斯密认为"沉思"无论多么崇高，都不可能是人类行动的唯一目的——我们天生就是积极行动的动物。不过，通过对上帝的概念做如上说明，斯密认为一种对上帝概念的认识可以在现实中促进我们采取有道德的行动。

为此，斯密给出了两个原因。一方面斯密认为，对神的某种认识可以让信徒出于对自身言行是应受赞扬还是应受指摘的荣辱观采取行动，而不是出于更平凡的对他人臧否的介意而行动。之前提到，斯密认为，"中立旁观者"在这个从介意他人评价到关注内在荣辱的转变过程中不可或缺，一个兼具智慧与美德的人更在意来自这个中立旁观者的评判，而非现实中其他人的赞美或批

第二十九章 论上帝

评。众所周知,现实中的其他人都做不到绝对公正,而中立旁观者在这一点上比他们做得更好。不过,在斯密看来,中立旁观者的视角本身也只是一种真正完美无缺的评判的劣化写照,而那种完美无缺的评判只能来自上帝。这就在一定程度上解释了,为什么那些被世人误会的人往往抱有虔诚的信仰,因为"只有(宗教)能告诉他们:其他人对自己言行的看法不重要,重要的是这个世界全知全能的最高裁判者给出了认可"。[3]

斯密因此认为,将上帝视作"世界全知全能的最高裁判者"可以增强我们根据道德要求而行动的意志,即便面对世间非议仍不动摇。但在另一方面对斯密而言,上帝不仅是世界的裁判者,也是世界的创造者和统治者,是他"永恒"地"创造并驱动了宇宙的庞大机制"。在这里,斯密的观点追随了古代斯多葛派哲学的传统:他提到,这一派认为整个世界"都处在一个睿智、强大而良善的神的全能统治之下"。在这个世界里,"人类的罪与愚昧"和"他们的智慧或美德"扮演了"同样必要"的角色。[4]

斯多葛派认为,面对世界这一庞大而错综复杂的机器,智者应向"那指引了一切人类活动的仁慈智慧"报以"崇敬的谦卑姿态"。[5]斯密自己是否也如此认为呢?对于斯密是不是斯多葛主义者,学界已有很多争论,但我在此无法对这种争论做出裁定。[6]在本书对斯密生活哲学的探究即将结束之际,我只想指出斯密与斯多葛派之间的一点共识。斯密认为,斯多葛派教导称智慧能引

伟大的目标

导一个人学会欣赏并接纳自己在这个善意有序、遵从造物主安排的世界中应有的位置,也能让我们想要用自己的行动让世界变得更有序、更良善。不过,这也是斯密自己的观点。"通过根据自身道德感觉的指引行事,我们必然能找到增进人类幸福的最有效方式,并因此在某种程度上与神协作,用我们自己的力量推进造物主的计划。"[7]因此,在斯密看来,良善生活的目的最终不单是为了增进我们自己的幸福,也是为了增进所有人的幸福,最终在俗世中践行上帝的期望。

结语：为什么在今天读斯密？

至此，我已阐明亚当·斯密提出了一套生活的哲学，值得所有希望过上尽可能良好的生活的人关注。不过，即便我们承认斯密对于良好生活的思想值得关注，他也远不是西方哲学传统中在这个问题上唯一一个持有看法的思想家。那么，我们为什么要赋予亚当·斯密的生活哲学高于其他思想家的意义呢？对于这个问题，我想到了三个答案，在本书的结语部分，我会一一说明。

传统观点认为，良好人生的指引来自两个领域：宗教和哲学。在宗教领域，世界上所有重要的信仰传统都对怎样过上明智的生活有所教导，也是很多人人生意义的源泉。在哲学领域，古希腊和古罗马的哲学家长期以来为什么是有价值的人生提供了思想指引，也点明了人应该根据何种标准评判人生活法的好坏。

然而，对于今天的很多人而言，这些传统智慧已无从获取，或者至少已无法像之前那样为无数人提供不可或缺的心灵支撑。有观点认为，我们正身处一个世俗时代。[1]即便今天仍有很多人过着宗教信徒的生活，宗教世界观已不再为我们的现代世界提供认知框架。同样的，虽然当代仍有不少人阅读柏拉图、亚里士多德和斯多葛派的著作，当代科学已极大地动摇了古典思想家对人生价值之判断的形而上学基础。因此，当代人想要直接从这些思想

伟大的目标

传统与文本遗产中汲取智慧,已不太容易——作为一个信仰宗教、还以教授、撰写与这些思想家和思想传统有关的知识为业的人,我自己也承认这一点。

有鉴于此,我开始思考,我们该怎样才能更好地拓宽视野,从这些古老的传统与文本之外寻找关于人生问题的睿智启迪。我们需要的是和我们"说同一种语言",能在塑造了我们世界观的信仰与认知框架内提供启示与建言的导师。因此,斯密作为这样的一位导师,对我们这些当代人别具意义。斯密从古典哲学和基督教的传统中汲取了很多遗产,这一点在本书迄今为止的叙述中已多有说明。不过,在继承这两种传统之余,斯密也意识到这些古老的思想若要在现代世界保持鲜活,就必须得到进一步的阐发。斯密作为伦理哲学家的才能在很大程度上以这种阐发能力为基础,而在"怎样过好人生"这个本书的主旨问题上,斯密的价值也大体源自他用今人可以理解的语言阐述智慧启迪的能力。

斯密之所以能为今人提供有意义的指导,还有另一个原因。毫无疑问,当代世界既不同于中世纪的欧洲基督教世界,也不同于古希腊的多神信仰世界。不过,对于"怎样在我们所处的世界里过好人生"这个具体问题,上述简单的事实影响重大。与上述两个更古老的世界不同,我们所处的世界既缺乏那种传统的思想和信仰基础,还对良好生活提出了一些独特的挑战。因此,当代人在追求良好生活的道路上需要面临的困难既与古希腊城邦市民不同,也与那些身居俗世、自知与上帝之城相距迢迢的基督

结语：为什么在今天读斯密？

徒有别。

通往良好生活之路上的困难错综复杂，但在这里，我们有必要对本书之前讨论过的一些挑战加以回顾。我们的世界看重财富，认为这些是在现代市场经济中成功的象征。不过，我们同样知道（正如社会科学研究也多次证实的那样），一定程度的经济财富或许构成了幸福生活的必要条件，但如果超出了某个限度，财富便不能增进幸福。[2] 同样的，正如本书之前在引述斯密的理论时已加以强调的，我们的现代世界重视他人的敬意与认可：拜社交媒体的量化尺度所赐，我们在今天可以更轻易、更准确地衡量一个人受到的关注。然而，这些指标一旦积累过多，似乎也很难为生活增添幸福。或许最为值得注意的是，当今世界中的很多人自称重视幸福胜过一切，但对幸福的追求本身经常令人深陷自我中心主义的窠臼，不再对他人的喜怒哀乐与福祉有所感觉。

当代世界的上述特征，在很大程度上与今天所谓的"资本主义社会"（斯密自己称其为"商业社会"）的崛起有关。对资本主义的批评或称赞，当然不是本书的主旨所在，其他作者对这个问题已有充分的著述。不过，如本书之前所述，斯密本人支持商业社会，认为这能为社会上最穷困人群的物质生活带来巨大改善，而（迄今为止的）历史也确实证明了这一点。最近二百年里，全球的人口贫困率大幅降低，以至于联合国在 2015 年将"到 2030 年在全世界消除一切形式的贫困"列为十七个可持续发展目标之首。[3] 对于让上述目标不再痴人说梦的这一发展历程本

伟大的目标

136 身，我们当然要报以感激。不过，我们也不能一味陶醉于这些喜人的成果，忽略了商业社会的代价。如果说商业社会的成果往往是物质上的，其代价则往往是道德上的，自私心理的加剧、个人的孤立以及焦虑情绪都在其中。这些现象侵蚀着社会互信，动摇了政治秩序，也让我们对良好生活的追求更为困难。

对于商业社会的利弊，斯密当然心知肚明。作为一名启蒙哲学家，他有幸生在学科分野尚不彻底的时代，因此既能像经济学家那样理解市场社会的运作机理，也能像伦理学家那样充分注意到市场社会带来的冲击。也正是这种对市场社会所孕育之机遇和挑战的十分平衡的把握，塑造了他的生活哲学。换言之，借用经济学的说法，在如何过睿智生活的问题上，斯密相对于我们熟悉的其他一些思想家具有"比较优势"，而这就是让斯密的思想在今天仍具有意义的第二个原因。斯密的写作在两种意义上面向我们所处的这个世界：如前所述，斯密哲学思想的语汇和概念基础与我们当代人相通；而从此基础出发，斯密试图以哲学思辨回应的，也是现代商业社会对良好生活提出的独特挑战。

我们应向斯密寻求人生教诲的第三个原因取决于他试图成为何种哲学家。如前所述，斯密的主业是在母校格拉斯哥大学担任道德哲学教授，并且在该教席上表现不俗。不过，如果来到当代大学的哲学系，斯密恐怕会不得其门而入。今天大学的哲学专业高度细分、高度技术化，哲学家关注的问题也已不再像高等数学或物理学的问题那样广为外界所知。对此，斯密或许会持欢迎态

结语：为什么在今天读斯密？

度：作为劳动分工理论的先驱，他也曾亲自论述了哲学专业化的优点。[4]不过，正如当代一些著名哲学家强调的那样，斯密并非没有注意到这种专业化可能令哲学界从此忽视"良好生活"的本质及追求方法这两个由来已久的问题。[5]事实上，正是这两个问题，构成了斯密心目中哲学思考的核心。

斯密认为，道德哲学背负着两个任务，其一是找出"人类意志中"允许我们做出判断的"力量或机能"。读者诸君或许认为，这只是一个严格意义上的技术问题，而这也正是斯密的看法。斯密曾亲口称这个问题为"纯粹的哲学好奇心所致"，虽然"在思辨中不可或缺，却没有实践意义"。[6]他并不认为这第一个问题完全无关紧要——事实上，他自己关于道德哲学的著述（以及围绕他的道德哲学思想写下的诸多著作）的大部分内容是针对这个问题写就的。然而，在斯密看来，道德哲学真正的首要任务是回答另一个问题，即："美德是如何构成的？或者说，怎样的情绪、怎样的举止，才构成了高尚而可敬的人格？"[7]

"何为高尚而可敬的人格"——对这个古老问题的关注，奠定了斯密生活哲学的基础。然而，为解答这个古老的问题，斯密选择的方法充满现代气息。作为启蒙运动的杰出成员，斯密坚持用实证方法，通过观察和对真实数据的研究解决问题。正如本书之前已经揭示的，斯密本人（以及他笔下的"兼具智慧与美德之人"）对完美、可敬、高贵、光荣等属性的认识根植于他对现实世界中活生生的人的研究。斯密和他笔下的"兼具智慧与美德之人"都是持之以恒的观察者("旁观者"),总是留心不同的人在不同场合留下的种种细节。斯密的著作之所以直到今天仍颇具可读性,一定程度上就归功于此。而让斯密著作如此特殊的一个更重要的特点,或许就是他向我等读者呈现这些思想发现的方式:他的论述能教会我们怎样有效地"旁观"自己,更好地在身边发现并辨认出好的举止、好的品格与好的生活——或者用斯密自己的话说,"让我们一眼就能认出真金"。[8]

不过,斯密的探究方法不止于此。斯密不但会观察,还会对自己的观察加以思考。在这当中最值得注意的,是他如何通过思考从诸多不同的小发现中发现共同的趋势,这种才能在他的经济学思想中体现得最为透彻。今天,"看不见的手"已成为斯密最著名的主张,但"看不见的手"只是一个比方,其具体所指的是斯密所谓的"天然自由的体系"(system of natural liberty)。[9]和斯密在著作中描述的诸多其他体系一样,这个"天然自由的体系"机制极为复杂,其作用在于将诸多名不见经传的组成部分的个别行动整合为一体。斯密作为经济学家的天赋,也正是在于他描述这些个别的部分如何形成一个整体,并将许多乍一看像"看不见的手"一样难以察觉的关联呈现出来的能力。

斯密的经济学思考揭示了事物之间的联系,他在道德哲学著作中的思考亦如是。正如斯密的经济学研究证明了我们所见到的诸多个别现象可以连成一个统一的体系,他的生活哲学也向我们阐明了人生中的不同组成部分如何形成了一个整体。部分出于这

结语：为什么在今天读斯密？

个原因，斯密的伦理学以指导我们认识"高尚而可敬的人格"为目的，而不只是鉴别具体行为的善恶。斯密认为，一个高尚而可敬的人格和由其指导的人生一样，都是一个统一的整体，是无数经验与情感的集合。只有经过启迪与磨炼的眼睛才能发现这种人格的存在，欣赏其价值，并向这一目标看齐——这就是一种融合了积极行动与深刻省思、兼具智慧与美德的生活。

章首引文出处

第一章　*Theory of Moral Sentiments*, part 2, section 2, chapter 2 (p. 100)
第二章　*Theory of Moral Sentiments*, part 1, section 1, chapter 1 (p. 13)
第三章　*Theory of Moral Sentiments*, part 2, section 3, chapter 3 (p. 127)
第四章　*Theory of Moral Sentiments*, part 1, section 3, chapter 2 (p. 71)
第五章　*Theory of Moral Sentiments*, part 1, section 3, chapter 2 (p. 63)
第六章　*Theory of Moral Sentiments*, part 3, chapter 3 (p. 172)
第七章　*Wealth of Nations*, book 5, chapter 1, part 3 (vol. 2, p. 374)
第八章　*Theory of Moral Sentiments*, part 3, chapter 3 (p. 171)
第九章　*Theory of Moral Sentiments*, part 1, section 3, chapter 3 (p. 73)
第十章　*Theory of Moral Sentiments*, part 1, section 1, chapter 4 (p. 29)
第十一章　*Lectures on Jurisprudence*, report B, section 231 (p. 497)
第十二章　*Theory of Moral Sentiments*, part 1, section 2, chapter 3 (p. 47)
第十三章　*Theory of Moral Sentiments*, part 3, chapter 5 (p. 192)
第十四章　*Theory of Moral Sentiments*, part 6, section 2, chapter 1 (p. 266)
第十五章　*Theory of Moral Sentiments*, part 2, section 2, chapter 3 (p. 103)
第十六章　*Theory of Moral Sentiments*, part 3, chapter 2 (p. 136)

章首引文出处

第十七章　*Theory of Moral Sentiments*, part 3, chapter 1（pp. 135 - 136）

第十八章　*Theory of Moral Sentiments*, part 2, section 2, chapter 2（p. 101）

第十九章　*Wealth of Nations*, book 1, chapter 2（vol. 1, p. 120）

第二十章　*Theory of Moral Sentiments*, part 1, section 3, chapter 3（p. 74）

第二十一章　*Theory of Moral Sentiments*, part 3, chapter 3（p. 175）

第二十二章　*Theory of Moral Sentiments*, part 1, section 1, chapter 5（p. 31）

第二十三章　*Theory of Moral Sentiments*, part 6, section 3（p. 291）

第二十四章　*Theory of Moral Sentiments*, part 6, section 3（p. 292）

第二十五章　*Theory of Moral Sentiments*, part 3, chapter 2（p. 140）

第二十六章　*Theory of Moral Sentiments*, part 6, section 2, chapter 3（p. 279）

第二十七章　*Theory of Moral Sentiments*, part 3, chapter 5（p. 195）

第二十八章　*Correspondence of Adam Smith*, letter 178（p. 221）

第二十九章　*Theory of Moral Sentiments*, part 2, section 3, chapter 3（p. 126）

斯密原著及相关文献

本书所引之斯密著作皆出自企鹅出版社经典丛书：2009 年版《道德情操论》，莱恩·帕特里克·汉利（Ryan Patrick Hanley）编；1999 年版《国富论》（全两卷），安德鲁·S. 斯金纳（Andrew S. Skinner）编。

斯密著作标准学术版本的精装版及简装版分别由牛津大学出版社（Oxford Universiry Press）和自由基金会（Liberty Fund）发行。这一版又名"格拉斯哥版"，收录了斯密的书简集和斯密学生在修辞学、法理学课上的笔记，以及斯密已刊行著作的评述版。我对这一版本文献的引用如下：自由基金会 1982 年版《法理学讲义》(*Lectures on Jurisprudence*)，R. L. 米克、D. D. 拉斐尔、P. G. 施泰因编；自由基金会 1987 年版《亚当·斯密书简集》(*Correspondence of Adam Smith*)，E. C. 摩斯纳、I. S. 罗斯编。

我们有幸可以读到多本关于斯密生平的杰出传记，其中品质最佳，也最易获得的是 Nicholas Phillipson 的 *Adam Smith: An Enlightened Life*（Yale, 2010）和 James Buchan 的 *The Authentic Adam Smith*（Norton, 2006）。目前为止最权威且内容最详尽的亚当·斯密传记则是 I. S. Ross 的 *The Life of Adam Smith*, 2nd ed.（Oxford, 2010）。

斯密原著及相关文献

一些论文集也能为了解斯密的思想提供有益指引。我本人有幸在 Adam Smith: His Life, Thought, and Legacy, ed. Ryan Patrick Hanley (Princeton, 2016) 中汇编了一系列来自其他学者的杰出论文,它们简明扼要地介绍了斯密的思想。还有一些论文集值得推荐,此较典型的是 The Cambridge Companion to Adam Smith, ed. Knud Haakonssen (Cambridge, 2006) 与 The Oxford Handbook of Adam Smith, ed. Christopher J. Berry, Maria Pia Paganelli, and Craig Smith (Oxford, 2013)。

若要对斯密的思想有一个初步的整体了解,读者可从杰瑞·Z. 穆勒的 Adam Smith in His Time and Ours (Princeton, 1995) 和 Christopher J. Berry 的 Adam Smith: A Very Short Introduction (Oxford, 2019) 入手。杰西·诺曼的近著 Adam Smith: Father of Economics (Basic Books, 2018) 也精准、生动而深入浅出地介绍了斯密的伦理学、经济学思想及其在当代的意义。

读者如果想了解斯密在《国富论》中提出的经济学思想,可参考 Jerry Evensky 的 Adam Smith's Wealth of Nations: A Reader's Guide (Cambridge, 2015) 与 Samuel Fleischacker 的 On Adam Smith's Wealth of Nations: A Philosophical Companion (Princeton, 2004)。

Joseph Cropsey 的 Polity and Economy (Martinus Nijhof, 1957) 是一部简短的《道德情操论》导读著作,它年代较早,但仍具价值。研究斯密道德与政治思想的经典著作还包括 A. L. Macfe

的 *The Individual in Society*（Allen and Unwin，1967），T. D. Campbell 的 *Adam Smith's Science of Morals*（Allen and Unwin，1971），J. R. Lindgren 的 *The Social Philosophy of Adam Smith*（Martinus Nijhof，1973）和 Donald Winch，*Adam Smith's Politics*（Cambridge，1978）。年代相对较新的著作 D. D. Raphael 的 *The Impartial Spectator：Adam Smith's Moral Philosophy*（Oxford，2007）虽然时而暴露出论战式的笔调，仍概述了斯密的一些核心观点。鲁斯·罗伯茨（Russ Roberts）还在 *How Adam Smith Can Change Your Life*（Penguin，2014）一书中以贴近大众的口吻介绍了斯密的一些伦理学观点。

我本人对斯密哲学思想一系列主题的思考离不开一直以来与本领域专业研究成果的密切接触。其中一些作品在此尤其值得推荐，以供《道德情操论》的专业与业余读者参考。

对于斯密的自利观点（本书第一章的主题），可参见 *The Oxford Handbook of Adam Smith* 一书中收录的尤金·希思（Eugene Heath）的《亚当·斯密与自利性》（Adam Smith and Self-Interest）。对于自利性概念在斯密之前的思想史，Milton L. Myers 的 *The Soul of Modern Economic Man：Ideas of Self-Interest，Tomas Hobbes to Adam Smith*（Chicago，1983）与 Pierre Force，*Self-Interest Before Adam Smith*（Cambridge，2003）提供了高水平的综述。

对于斯密的利己和利他观（本书第二章的主题之一），韦尔农·L. 史密斯（Vernon L. Smith）和巴特·J. 威尔逊（Bart J. Wilson）的 *Humanomics: Moral Sentiments and the Wealth of Nations for the Twenty-First Century*（Cambridge，2019）一书有精彩阐述。韦尔农·史密斯还有一篇经典论文 "The Two Faces of Adam Smith"，*Southern Economic Journal* 65（1998）也不可不读。

斯密对同情心的认识（本书第四章）已为很多学者所讨论，其中以 Fonna Forman-Barzilai 的 *Adam Smith and the Circles of Sympathy*（Cambridge，2010）为佳。关于同情心概念在斯密生前及身后的发展史，可参见 *Sympathy: A History*, ed. Eric Schliesser（Oxford，2015）及 Michael Frazer 的 *The Enlightenment of Sympathy*（Oxford，2010）。若想了解斯密对同情心交换之模式的理解如何塑造了他对经济交换的观念，我尤其推荐 James Otteson 的 *Adam Smith's Marketplace of Life*（Cambridge，2002）。

很多学者曾注意到"想象"（本书第四、第五章）在斯密思想体系中的位置。在这个问题上，我从 Charles L. Griswold, Jr. 的 *Adam Smith and the Virtues of Enlightenment*（Cambridge，1999）中受益最多。

学界最早一批注意到斯密对穷人之关怀（第五章）的著作包括伊斯特万·洪特（Istvan Hont）与迈克尔·伊格纳杰夫（Michael Ignatieff）的论文《试论〈国富论〉中的基本需求与正义》（Needs and Justice in the *Wealth of Nations*: An Introductory Essay），收录于他们的重要著作 *Wealth and Virtue*（Cambridge，

1983）中。在这篇开创性的论文之后，上文提到的杰瑞 Z. 穆勒的 *Adam Smith in His Time and Ours*（Princeton，1995），Jerry Evensky 的 *Adam Smith's Wealth of Nations: A Reader's Guide*（Cambridge，2015）与 Samuel Fleischacker 的 *On Adam Smith's Wealth of Nations: A Philosophical Companion*（Princeton，2004）等著作都对这一问题有更深入的探究，大大丰富了我们对斯密穷人观的了解。

斯密对幸福与改善自身处境（本书第五、第六、第八章）的关注在近年来得到不少学者的关注。在这些较新的研究中，最值得推荐的一篇论文当属丹尼斯·拉斯穆森的 "Does 'Bettering Our Condition' Really Make Us Better Off?"，*American Political Science Review* 100（2006）。

关于所谓 "亚当·斯密问题"（本书第七章），我首先推荐 Leonidas Montes 的 "*Das Adam Smith Problem*: Its Origins, the Stages of the Current Debate, and One Implication for Our Understanding of Sympathy"，*Journal of the History of Economic Thought* 25（2003）。

对斯密关于腐败的思考（本书第七、第九章），丽莎·希尔（Lisa Hill）的论文 "Adam Smith and the Theme of Corruption"，*Review of Politics* 68（2006）提供了有益的导览。此外，亚当·斯密思想与卢梭和马克思（两人都在本书第九章有所提及）思想的比较也与这个话题密切相关。关于马克思与斯密的比较，我推荐 R. L. Meek 的 *Smith, Marx, and After*（Chapman and Hall, 1977）与 Spencer Pack 的 *Capitalism as a Moral System*（Edward Elgar, 1991）。关于卢梭和斯密的比较，我推荐拉斯穆森的 *The Problems and Promise of Commercial Society: Adam Smith's Response to Rousseau*（Penn State, 2008）与 Griswold 的 *Jean-Jacques Rousseau and Adam Smith: A Philosophical Encounter*（Routledge, 2018）。

有多篇精彩的论文曾对斯密的友谊观（本书第十章）有所探究，如 Douglas J. Den Uyl and Charles L. Griswold 的论文 "Adam Smith on Friendship and Love", *Review of Metaphysics* 49（1996）和 Hill and Peter McCarthy 的论文 "On Friendship and *Necessitudo* in Adam Smith", *History of the Human Sciences* 17（2004）。

我一向对斯密在焦虑问题上的处理方法深感兴趣（本书第十、第十一章）。就我所知，唯一一篇关注该问题的学术文献是 R. F. Brissenden 的 "Authority, Guilt, and Anxiety in *The Theory of Moral Sentiments*", *Texas Studies in Literature and Language* 11（1969）。

Knud Haakonssen 的 "The *Lectures on Jurisprudence*"（收录于 *Adam Smith: His Life, Thought, and Legacy*）一文对斯密法理学讲义（本书第十一章）的核心论题有全面的讨论。另有一些学术研究比较了斯密和亚里士多德的思想。我从 Martin Calkins and

伟大的目标

Patricia Werhane 的论文"Adam Smith, Aristotle, and the Virtues of Commerce", *Journal of Value Inquiry* 32（1998）与 Laurence Berns 的论文"Aristotle and Adam Smith on Justice: Cooperation between Ancients and Moderns?", *Review of Metaphysics* 48（1994）中受益匪浅。

斯密对正义问题的讨论（本书第十二章）得到了诸多学者的讨论，其中有一些已在本章节中推荐的书目。Haakonssen 的 *The Science of a Legislator*（Cambridge, 1981）对斯密正义观念的衍伸意义有上佳阐述。对于斯密思想中正义和不满情绪之间的关系，我从 Pack and Schliesser 的论文"Smith's Humean Criticism of Hume's Account of the Origin of Justice", *Journal of the History of Philosophy* 44（2006）中收获良多。

爱（本书第十三章）通常不是斯密研究者心目中的重点。但除上文提到的 Den Uyl and Griswold 的论文"Adam Smith on Friendship and Love", *Review of Metaphysics* 49（1996）以外，读者也可参见 Martha Nussbaum, *Upheavals of Thought*（Cambridge, 2001）及 Lauren Brubaker 的"'A Particular Turn or Habit of the Imagination': Adam Smith on Love, Friendship, and Philosophy", in *Love and Friendship*, ed. Eduardo Velásquez（Lexington, 2003）。

斯密对多元主义的坚持（本书第十四章）近年来得到了越来越多的关注。在这个问题上，我尤其推荐 Jack Russell Weinstein 的 *Adam Smith's Pluralism: Rationality, Education, and* the Moral Sentiments（Yale, 2013）及 Michael B. Gill 的论文 "Moral Pluralism in Smith and His Contemporaries", *Revue internationale de philosophie* 68（2014）。

本书第十五章提到了斯密对所谓"系统人"的批评。很多评论者注意到了"系统人"概念在斯密政治思想中的重要意义。F. A. Hayek 的 "Adam Smith's Message in Today's Language", *Daily Telegraph*, 9 March 1976 对此有尤为生动的阐述；此外，读者也可参考 Craig Smith 的 *Adam Smith's Political Philosophy*（Routledge, 2006）。

很多评论者同样注意到斯密在对他人之敬意的追求和对自身可敬品质的追求间做出的区分（本书第十六、二十五章）。除了上文所引韦尔农·史密斯与巴特·威尔逊著书之外，读者也可参考 "Love Redirected: On Adam Smith's Love of Praiseworthiness", *Journal of Scottish Philosophy* 15（2017）。

对于斯密的"中立旁观者"（本书第十七章）理论，除上文已提及的 D. D. Raphael 的 *The Impartial Spectator: Adam Smith's Moral Philosophy*（Oxford, 2007）之外，还有一些讨论斯密对道德判断之思考的论述提供了深刻的考察，其中尤以 Fleischacker 的 *A Third Concept of Liberty: Judgment and Freedom in Kant and Adam Smith*（Princeton, 1999）为佳。凯伦·瓦里霍拉（Karen Valihora）的论文 "Judgement of Judgement: Adam Smith's *Theory of Moral Sentiments*", *British Journal of Aesthetics* 41（2001）和维维

安·布朗（Vivienne Brown）在 *Intersubjectivity and Objectivity in Adam Smith and Edmund Husserl*, ed. Christel Fricke and Dagfnn Føllesdal（Ontos, 2012）中写作的章节《亚当·斯密〈道德情操论〉中的主体间性与道德判断》（Intersubjectivity and Moral Judgment in Adam Smith's *Theory of Moral Sentiments*）同样值得一阅。

受益于近来的一些研究，斯密对平等和尊严两原则的坚持（本书第十八、十九章）得到了比以往更充分的注意，其中的代表作包括 Iain McLean 的 *Adam Smith, Radical and Egalitarian*（Palgrave Macmillan, 2006），Remy Debes 的 "Adam Smith on Dignity and Equality", *British Journal for the History of Philosophy* 20（2012），Lisa Herzog 的 *Inventing the Market：Smith, Hegel, and Political Theory*（Oxford, 2013）以及 Elizabeth Anderson 的 "Adam Smith and Equality"（收录于 *Adam Smith：His Life, Thought, and Legacy*）。大卫·列维（David Levy）和桑德拉·皮尔特（Sandra Peart）就搬运工与哲学家之喻的意义有生动阐述，关于这一问题，可参见他们在 *The Street Porter and the Philosopher：Conversations on Analytical Egalitarianism*（Michigan, 2008）一书中写作的导论。

一些著作对斯密的美德论（本书第二十一章）多有阐述，如 Montes 的 *Adam Smith in Context*（Palgrave Macmillan, 2004）。在 Deirdre McCloskey 的 *The Bourgeois Virtues：Ethics for an Age of Commerce*（Chicago, 2006）中，斯密的美德论也占据了显著

位置。

读者若对斯密生活哲学关于如何在生活中积极践行美德的指导（本书第二十三、二十六章）感兴趣，埃里克·施利塞尔（Eric Schliesser）的近著 *Adam Smith：Systematic Philosopher and Public Thinker*（Oxford，2017）颇值得一读。

已有一些学者对亚当·斯密与苏格拉底、柏拉图和斯多葛派等古代哲学家的关系（本书第二十六、二十九章）有所研究，其中最全面的当属 Gloria Vivenza 的 *Adam Smith and the Classics*（Oxford，2001）。安德鲁·J. 科尔萨（Andrew J. Corsa）的论文 "Modern Greatness of Soul in Hume and Smith"，*Ergo* 2（2015）精辟地考察了休谟和斯密对"苏格拉底式宽宏"的不同诠释。

斯密与休谟的友情和他对休谟观点的看法（本书第二十八章）是学者长期关注的话题，拉斯穆森的 *The Infidel and the Professor：David Hume，Adam Smith，and the Friendship That Shaped Modern Thought*（Princeton，2017）一书对此提供了最新也最全面的论述。有更严肃追求的读者也可参考同作者对斯密与休谟相关历史文献的新编集：*Adam Smith and the Death of David Hume：The Letter to Strahan and Related Texts*（Lexington，2018）。埃里克·施利塞尔也在"The Obituary of a Vain Philosopher：Adam Smith's Reflections on Hume's Life"，*Hume Studies* 29（2003）一文中对斯密致斯特拉罕的信有精辟考察。

斯密在宗教和神学问题上的立场（本书第二十七、二十九章）近来成为领域内学者的论争焦点。对此，读者可比较 Gavin Kennedy 的 *An Authentic Account of Adam Smith*（Palgrave Macmillan，2017）与 *Adam Smith as Teologian*，ed. Paul Oslington（Routledge，2011）。戈登·格雷厄姆（Gordon Graham）的论文"Adam Smith and Religion"（收录于 *Adam Smith：His Life, Thought, and Legacy*）可为读者了解这场论争提供有益的指引。

最后，我在本书之外，也曾对本书中提到的大部分主题多有论述。其中很多文字以论文的形式发表，但读者如果对我更完整的论证，以及我在存在于更广泛的二级文献中的学术论争中采取的立场感兴趣，就请参考如下两本拙著，即 *Adam Smith and the Character of Virtue*（Cambridge，2009）与 *Love's Enlightenment：Rethinking Charity in Modernity*（Cambridge，2017）。

注 释

导论

1. 我对"生活哲学"之含义的理解在很大程度上来自 Alexander Nehamas, *The Art of Living*（California，1998）与 Pierre Hadot, *Philosophy as a Way of Life*（Blackwell，1995）。我对良好生活的思考在很大程度上源自莱昂·卡斯（Leon Kass）的教导与论述，他的作品 *Leading a Worthy Life: Finding Meaning in Modern Times*（Encounter，2017）尤其值得推荐。

2. Jordan Peterson, *12 Rules for Life: An Antidote to Chaos*（Penguin Random House，2018）.

3. Dugald Stewart, "Account of the Life and Writings of Adam Smith, LL. D.", in *Essays on Philosophical Subjects*, ed. W. P. D. Wightman and J. C. Bryce（Liberty Fund，1982），291.

4. Woodrow Wilson, *An Old Master, and Other Political Essays*（C. Scribner's Sons，1893），17 – 18.

5. 对亚当·斯密的这一面感兴趣的读者可参考 Russ Roberts, *How Adam Smith Can Change Your Life*（Penguin，2014），此书旨在将《道德情操论》重新提炼成"简便易读的形式",以便不太能"通读原著"（前揭书第 10 页）的读者了解斯密对于"什么是好的生活，以及如何过上好的生活"（前揭书第 2 页）有何见教。

6. Knud Haakonssen and Donald Winch, "The Legacy of Adam Smith", in *The Cambridge Companion to Adam Smith*, ed. Haakonssen（Cambridge，

伟大的目标

2006), 385.

7. 虽然我在本书中对亚当·斯密思想的阐释是独特的,但我提出的大部分具体观点在学界得到了广泛认同。如果我提出的观点不同于主流意见,或正在受学界激烈辩论,我将在注释中予以说明。

8. 读者若想对斯密的生平与思想有更全面的了解,可参考本书《斯密原著与相关文献》部分所引之菲利普森(Philipson)、布坎(Buchan)与诺曼(Norman)三人的著作。

第一章

1. George Stigler, "Smith's Travels on the Ship of State", in *Essays on Adam Smith*, ed. Andrew S. Skinner and Thomas Wilson (Oxford, 1975), 237.
2. *Theory of Moral Sentiments*, 250.
3. *Theory of Moral Sentiments*, 214–215.
4. *Theory of Moral Sentiments*, 357.
5. *Theory of Moral Sentiments*, 200–201.
6. See also *Theory of Moral Sentiments*, 258.

第二章

1. Vernon L. Smith and Bart J. Wilson, *Humanomics: Moral Sentiments and the Wealth of Nations for the Twenty-First Century* (Cambridge, 2019) 从社会科学的角度,对斯密的利他与利己观做了十分发人深省的再诠释,值得一读。

2. 并非所有哲学家都认为统一性是一个可欲的人生目标。Charles Larmore, "The Idea of a Life Plan", *Social Philosophy and Policy* 16 (1999) 就对本书此处的观点提出了重要反驳,可供读者参考。

3. *Theory of Moral Sentiments*, 317.

第四章

1. *Theory of Moral Sentiments*, 133.
2. 关于荣誉文化的机理,参见 Tamler Sommers, *Why Honor Matters*(Basic Books, 2018)。斯密本人对路易十四的宫廷颇感兴趣,对此可参见 *Theory of Moral Sentiments*, 67–68。

第五章

1. *Wealth of Nations*, 1: 441.
2. *Theory of Moral Sentiments*, 63.
3. *Theory of Moral Sentiments*, 62.
4. *Theory of Moral Sentiments*, 212.

第六章

1. 心理学领域在这个问题上的经典研究当属 Philip Brickman et al. , "Lottery Winners and Accident Victims: Is Happiness Relative?", *Journal of Personality and Social Psychology* 36 (1978),较新的论述则可参见 Bruno Frey, *Economics of Happiness*(Springer, 2018)。
2. *Theory of Moral Sentiments*, 172.
3. *Theory of Moral Sentiments*, 172.
4. *Theory of Moral Sentiments*, 173.
5. *Theory of Moral Sentiments*, 211–213.

第七章

1. *Theory of Moral Sentiments*, 215.

伟大的目标

2. *Wealth of Nations*, 1: 109–119.
3. *Wealth of Nations*, 2: 374.
4. *Wealth of Nations*, 2: 374–375.
5. 关于斯密对制度的看法，可参见 Nathan Rosenberg, "Some Institutional Aspects of the *Wealth of Nations*", *Journal of Political Economy* 68 (1960) 及 Jerry Muller, *Adam Smith in His Time and Ours* (Princeton, 1995)。

第八章

1. *Theory of Moral Sentiments*, 173.
2. *Theory of Moral Sentiments*, 215.

第九章

1. Diana Mutz, *Hearing the Other Side: Deliberative vs. Participatory Democracy* (Cambridge, 2006) 是一部对这种做法的裨益提出辩护的现代著作。
2. See, e.g., Denise Schaeffer, *Rousseau on Education, Freedom and Judgment* (Penn State, 2013); and Laurence Cooper, *Rousseau, Nature, and the Problem of the Good Life* (Penn State, 1999).
3. Jean-Jacques Rousseau, *Emile, or On Education*, trans. Allan Bloom (Basic Books, 1979), 41.

第十章

1. *Theory of Moral Sentiments*, 59.
2. *Theory of Moral Sentiments*, 30.
3. *Theory of Moral Sentiments*, 265.

第十一章

1. *Lectures on Jurisprudence*, 497.

2. Aristotle, *Politics*, 1253a1 – 19.

3. *Theory of Moral Sentiments*, 36.

第十二章

1. *Theory of Moral Sentiments*, 47.

2. *Theory of Moral Sentiments*, 49.

3. See, for example, *Theory of Moral Sentiments*, 39 – 42.

4. *Theory of Moral Sentiments*, 92 and 94.

第十三章

1. See, e.g., NancyFolbre, *The Invisible Heart: Economics and Family Values* (New Press, 2001).

2. *Theory of Moral Sentiments*, 49.

3. *Theory of Moral Sentiments*, 52.

第十四章

1. *Wealth of Nations*, 1: 118 – 119.

2. 斯密应被视为规范论哲学家还是纯粹客观的社会科学家，这个问题一直是斯密研究界的论争焦点。在这里，我倾向于前一种观点。T. D. Campbell, *Adam Smith's Science of Morals* (Allen and Unwin, 1971) 是基于后一种立场的经典著作，与其观点相近的还有年代较新的 Fonna Forman-Barzilai, *Adam Smith and the Circles of Sympathy* (Cambridge, 2010)。

3. 这一部分首先让我联想到以赛亚·柏林对"价值多元主义"的著名辩护。近来对这一问题的综述，可参见 George Crowder, "Pluralism, Relativism, and Liberalism", in *The Cambridge Companion to Isaiah Berlin*, ed. Steven B. Smith and Joshua L. Cherniss (Cambridge, 2018)。

伟大的目标

4. *Theory of Moral Sentiments*, 252 – 254.

第十五章

1. *Theory of Moral Sentiments*, 103 – 104.
2. *Theory of Moral Sentiments*, 275 – 276.
3. *Theory of Moral Sentiments*, 104.
4. 对斯密的这些段落，一般观点往往强调他对正义与仁慈的明确区分，而我对爱与繁荣问题的关注与此不同。读者可在 Joseph Cropsey, *Polity and Economy*（Martinus Nijhof, 1957）, 32 – 33 中看到上述一般观点引起了较多回应的一种早期表述。
5. *Theory of Moral Sentiments*, 104.

第十六章

1. *Theory of Moral Sentiments*, 140.
2. *Theory of Moral Sentiments*, 143.
3. *Theory of Moral Sentiments*, 136.

第十七章

1. *Theory of Moral Sentiments*, 182.
2. *Theory of Moral Sentiments*, 133.
3. *Theory of Moral Sentiments*, 182.
4. *Theory of Moral Sentiments*, 157.

第十八章

1. *Theory of Moral Sentiments*, 161.
2. *Theory of Moral Sentiments*, 159.

3. *Theory of Moral Sentiments*, 101.

4. *Theory of Moral Sentiments*, 166 – 167.

第十九章

1. *Wealth of Nations*, 1：120.

2. Max Weber, "Politics as a Vocation", in *From Max Weber：Essays in Sociology*, ed. H. H. Gerth and C. Wright Mills (Routledge, 1991), 116.

3. Plato, *Republic*, 414b – 415c.

第二十章

1. *Theory of Moral Sentiments*, 74.

2. *Theory of Moral Sentiments*, 74.

3. *Theory of Moral Sentiments*, 305.

4. *Theory of Moral Sentiments*, 294 – 295.

5. 在我之前，鲁斯·罗伯茨也曾在类似的语境下提到了较为"冷清"的人生道路，参见 *How Adam Smith Can Change Your Life*, 112 – 114。

第二十一章

1. 读者可以 Stephen Darwall, ed., *Virtue Ethics* (Blackwell, 2002) 中收录的论文为指引去了解德性伦理学。包括我在内的一些学者认为，斯密本人也应被算作一个德性伦理学家，这方面的论述参见 Deirdre McCloskey, "Adam Smith, the Last of the Former Virtue Ethicists", *History of Political Economy* 40 (2008) 等。

2. *Theory of Moral Sentiments*, 32.

3. *Theory of Moral Sentiments*, 30.

4. *Theory of Moral Sentiments*, 175.

伟大的目标

5. *Theory of Moral Sentiments*, 30.

第二十二章

1. 我认为,"完美"的概念在斯密思想中具有核心地位,但也有一些学者在解读斯密时没有赋予"完美"以同等重要的意义,如 Forman-Barzilai, *Adam Smith and the Circles of Sympathy*。
2. *Theory of Moral Sentiments*, 33; see also 291.
3. *Theory of Moral Sentiments*, 255.

第二十三章

1. 受制于他所处的时代,斯密在谈论"兼具智慧与美德之人"是用的是"(男)人"(man)。我将他的"人"字改为不具性别色彩的"人"(person),以符合我们这个时代的标准,而不至于与斯密的思想直接抵触。
2. See, for example, Hannah Arendt, *The Human Condition*, 2nd ed. (Chicago, 1998), esp. 7–17 and 289–294.
3. *Theory of Moral Sentiments*, 291–292.

第二十四章

1. Plato, *Republic*, 516c–e.
2. *Theory of Moral Sentiments*, 291–292.
3. *Theory of Moral Sentiments*, 292.
4. *Theory of Moral Sentiments*, 277.
5. *Theory of Moral Sentiments*, 269.

第二十五章

1. *Theory of Moral Sentiments*, 152.

2. *Theory of Moral Sentiments*, 284.

3. *Theory of Moral Sentiments*, 291 – 292.

4. *Theory of Moral Sentiments*, 135.

5. *Theory of Moral Sentiments*, 170.

6. *Theory of Moral Sentiments*, 365.

第二十六章

1. Benjamin Franklin, *Autobiography*, in *Franklin：Writings*, ed. J. A. Leo Lemay (Library of America, 1987), 1383 – 1385.

2. 参见 Nehamas, *Art of Living* 一书，尤其是其在第二部分对蒙田、尼采和福柯的探讨。

3. *Theory of Moral Sentiments*, 17 – 18.

4. *Theory of Moral Sentiments*, 282.

5. *Theory of Moral Sentiments*, 60.

6. *Theory of Moral Sentiments*, 281.

7. *Theory of Moral Sentiments*, 335.

8. *Theory of Moral Sentiments*, 295.

9. See, for example, Plato, *Apology*, 31c – e.

10. *Theory of Moral Sentiments*, 344.

第二十七章

1. *Theory of Moral Sentiments*, 31, 198, 353 – 354.

2. 参见 David Sorkin, *The Religious Enlightenment* (Princeton, 2008) 等研究。

3. Hume, *Natural History of Religion*, esp. sections 3 and 13.

4. *Theory of Moral Sentiments*, 197.

5. *Theory of Moral Sentiments*, 154.

伟大的目标

6. *Theory of Moral Sentiments*, 195.

7. See, e. g., Leo Strauss, "Jerusalem and Athens: Some Preliminary Reflections", in *Studies in Platonic Political Philosophy*, ed. Thomas Pangle (Chicago, 1983).

第二十八章

1. *Correspondence of Adam Smith*, letter 208, 251.

2. Plato, *Phaedo*, 118a.

3. *Correspondence of Adam Smith*, letter 178, 218 – 219.

4. *Correspondence of Adam Smith*, letter 178, 220.

5. *Correspondence of Adam Smith*, letter 178, 221.

6. Dennis Rasmussen, *The Infidel and the Professor: David Hume, Adam Smith, and the Friendship That Shaped Modern Thought* (Princeton, 2017), 222.

7. 不是所有学者都认同这一点。除上文所引拉斯穆森的著作外，读者也可参考 Gavin Kennedy, "Adam Smith on Religion", in *Oxford Handbook of Adam Smith*, ed. Christopher J. Berry, Maria Pia Paganelli, and Craig Smith (Oxford, 2013)。

第二十九章

1. See also *Theory of Moral Sentiments*, 297.

2. *Theory of Moral Sentiments*, 278 – 279.

3. *Theory of Moral Sentiments*, 144 – 145.

4. *Theory of Moral Sentiments*, 278 and 45.

5. *Theory of Moral Sentiments*, 344; see also 326 – 327.

6. 读者可比较 D. D. 拉斐尔（D. D. Raphael）和 A. L. 迈克菲（A. L. Macfie）为格拉斯哥版《道德情操论》写作的导论（他们强调了斯密与

斯多葛派哲学的关系），与试图将斯密与斯多葛派区分开来的 Eric Schliesser, *Adam Smith: Systematic Philosopher and Public Thinker* (Oxford, 2018)，以了解这场论争的两方观点。
7. *Theory of Moral Sentiments*, 191.

结语

1. Charles Taylor, *A Secular Age* (Harvard, 2007).
2. See, e.g., Bruno Frey and Alois Stutzer, *Happiness and Economics* (Princeton, 2002).
3. 关于联合国可持续发展目标第一号（UN SDG 1）的概述以及联合国秘书长就实现该目标的进度做的年度汇报可在 https://sustainabledevelopment.un.org/sdg1 上查询。
4. *Wealth of Nations*, 1: 115.
5. See Hadot, *Philosophy as a Way of Life*, 264–276; Nehamas, *Art of Living*, 1–5.
6. *Theory of Moral Sentiments*, 370–371.
7. *Theory of Moral Sentiments*, 315.
8. *Theory of Moral Sentiments*, 387.
9. *Wealth of Nations*, 2: 273–274.

致　谢

能成为亚当·斯密的研究者，于我是十分幸运的——即便说是"命运的恩赐"（blessed）也不为过。多年以来，我与斯密度过了愉快的时光，但能与诸多无比优秀的同人、朋友与学生共度斯密研究的岁月，从他们那里不断汲取关于斯密和人生的教诲，同样令我愉悦。一些朋友慷慨地抽出时间阅读本书的草稿，并提出了指正，我尤其要感谢道格拉斯·邓·尤伊尔（Douglas Den Uyl）、萨姆·弗莱沙克（Sam Fleischacker）、戈登·格雷厄姆和查尔斯·格里斯沃尔德（Charles Griswold）提供的宝贵意见。我来自学界以外的朋友大卫·阿普尔鲍姆（David Applebaum）和亚当·赫雷格尔斯（Adam Hellegers）也拨冗审读了本书草稿，大大提高了本书的质量（下次我定当报答！）。国际亚当·斯密学会（International Adam Smith Society）在其年会上举行的一场作者书评人座谈也为我提供了很多有益的反馈，我要感谢组织这场座谈的凯斯·汉金斯（Keith Hankins），以及凯伦·瓦里霍拉和布伦南·麦克戴维（Brennan McDavid）的批评指正。此外，如果没有普林斯顿大学出版社几位朋友的帮助，本书不可能问世。我尤其感谢艾尔·伯特兰（Al Bertrand），是他鼓励我接下写作本书的挑战；我还要感谢罗伯·滕皮奥（Rob Tempio）主持

致　谢

本书的出版流程，还为本书找来两位富于洞见的评论者，极大提高了本书终稿的质量。

我将本书献给我最爱的女儿。亲爱的佩吉，希望亚当·斯密能助你在美妙的人生中探索那些奇遇与新的谜团。

图书在版编目(CIP)数据

伟大的目标：亚当·斯密论美好生活 / （美）莱恩·帕特里克·汉利（Ryan Patrick Hanley）著；徐一彤译. -- 北京：社会科学文献出版社，2022.1

书名原文：Our Great Purpose: Adam Smith on Living a Better Life

ISBN 978-7-5201-9410-5

Ⅰ.①伟… Ⅱ.①莱…②徐… Ⅲ.①人生哲学-通俗读物 Ⅳ.①B821-49

中国版本图书馆 CIP 数据核字（2021）第 253528 号

伟大的目标
——亚当·斯密论美好生活

著　者 / [美]莱恩·帕特里克·汉利（Ryan Patrick Hanley）
译　者 / 徐一彤

出 版 人 / 王利民
组稿编辑 / 董风云
责任编辑 / 张金勇
责任印制 / 王京美

出　版 / 社会科学文献出版社·甲骨文工作室（分社）（010）59366527
　　　　　地址：北京市北三环中路甲29号院华龙大厦　邮编：100029
　　　　　网址：www.ssap.com.cn
发　行 / 市场营销中心（010）59367081　59367083
印　装 / 北京盛通印刷股份有限公司
规　格 / 开　本：889mm×1194mm　1/32
　　　　　印　张：5.625　字　数：115千字
版　次 / 2022年1月第1版　2022年1月第1次印刷
书　号 / ISBN 978-7-5201-9410-5
著作权合同
登 记 号 / 图字01-2021-7298号
定　价 / 52.00元

本书如有印装质量问题，请与读者服务中心（010-59367028）联系

版权所有 翻印必究